材料電子論入門

第一原理計算の材料科学への応用

田中　功・松永克志
大場史康・世古敦人
共　著

内田老鶴圃

本書の全部あるいは一部を断わりなく転載または
複写(コピー)することは,著作権および出版権の
侵害となる場合がありますのでご注意下さい.

1.2 演算子について

　演算子というと取りつきにくく感じるかもしれないが，実は単純である．ある数 x に 3 を加える演算の結果は $x+3$ であるが，このとき $+3$ が演算子である．$f(x)$ という関数の場合は，変数 x に $f(\ )$ という演算子を作用させて得られた演算の結果が $f(x)$ になったということができる．$g(f(x))$ という合成関数の場合は，$g\{f(\ )\}$ と小カッコと中カッコの順に演算子を作用させるが，これを簡略化して gf と書く．$f(\ )$ という演算子を 2 回作用させることを，f^2 と書く．

　　　　一般に，演算子は順序を変えると異なった結果となる．
　　　　つまり『交換』できない．

　$f(x) = x+3$ という関数と，$g(x) = 5x$ という関数を考えてみると，演算子 gf を作用させた結果は $5(x+3)$ であり，演算子 fg を作用させた結果は，$5x+3$ と異なる．$f(x) = 3x$ という関数と，$g(x) = 5x$ という関数の場合は，gf でも fg でも演算の結果は $15x$ となる．これはむしろ特殊な場合である．

　演算子は行列の形で表現されることもある．ベクトル $\boldsymbol{x}$ に行列 $\mathbf{A}$ を作用させると，演算の結果はベクトル $\boldsymbol{x}'$ になる．例えば，

$$\begin{pmatrix} 1 & 0 \\ 1 & 1 \end{pmatrix} \begin{pmatrix} x_1 \\ x_2 \end{pmatrix} = \begin{pmatrix} x_1 \\ x_1 + x_2 \end{pmatrix}$$

の場合，

$$\mathbf{A} = \begin{pmatrix} 1 & 0 \\ 1 & 1 \end{pmatrix}$$

である．一般に行列の演算も交換できない．

$$\mathbf{A} = \begin{pmatrix} 1 & 0 \\ 1 & 1 \end{pmatrix} \text{と}, \quad \mathbf{B} = \begin{pmatrix} 1 & 1 \\ 1 & 1 \end{pmatrix}$$

で考えてみると，

$$\mathbf{AB} = \begin{pmatrix} 1 & 1 \\ 2 & 2 \end{pmatrix}, \quad \mathbf{BA} = \begin{pmatrix} 2 & 1 \\ 2 & 1 \end{pmatrix}$$

と，異なった結果が得られる．

(steady state)と呼ぶ．このとき，式(1-7)は容易に積分できて，

$$\psi(x,t) = \psi(x)\exp\left(-i\frac{E}{\hbar}t\right) \tag{1-16}$$

となる．この波動関数$\psi(x)$は位置座標xには依存するが，時刻tにはよらない．このとき式(1-15)は，

$$\left(-\frac{\hbar^2}{2m}\frac{d^2}{dx^2} + V(x)\right)\psi(x) = E\psi(x) \tag{1-17}$$

となる．これが，**時間に依存しない(定常状態での)シュレディンガー方程式**である．以後，時間に依存しないハミルトニアンのみを考える．

一般的に3次元で書くと，$\boldsymbol{r}=(x,y,z)$に対して，

$$\left(-\frac{\hbar^2}{2m}\nabla^2 + V(\boldsymbol{r})\right)\psi(\boldsymbol{r}) = E\psi(\boldsymbol{r}) \tag{1-18}$$

となる．∇^2は∇というベクトル微分演算子の内積で

$$\nabla^2 = \frac{\partial^2}{\partial x^2} + \frac{\partial^2}{\partial y^2} + \frac{\partial^2}{\partial z^2}$$

である．これをナブラの2乗，あるいはΔと書いてラプラシアンと呼ぶ．

量子論での波動関数は，古典論での波の高さに対応するものである．古典論では波の高さの2乗は，波の強度に比例する．量子論での波動関数の2乗は，粒子の存在確率に対応する．なお複素数の波動関数の2乗は，その絶対値の2乗，$|\psi(\boldsymbol{r})|^2 = \psi^*(\boldsymbol{r})\psi(\boldsymbol{r})$，ただし$\psi^*$は$\psi$の複素共役[*2]である．粒子の存在確率の空間全体での和が1となるために，波動関数は，以下の規格化条件を満たす必要がある．

$$\int|\psi(\boldsymbol{r})|^2 d\boldsymbol{r} = \int\psi^*(\boldsymbol{r})\psi(\boldsymbol{r})d\boldsymbol{r} = 1 \tag{1-19}$$

規格化した波動関数の2乗は，電子の分布関数$\rho(\boldsymbol{r})$に相当する．すなわち$\rho(\boldsymbol{r}) = |\psi(\boldsymbol{r})|^2$である．なお，式(1-19)の積分は全空間について行う．$d\boldsymbol{r}$は微小体積要素を表し，$d\boldsymbol{r} = dxdydz$である．

[*2] 複素共役は，表式中の虚数単位iをすべて$-i$に置き換えたものである．

$$-i\hbar\frac{\partial}{\partial x}\psi = \hat{p}\psi \qquad (1\text{-}10)$$

となる．

式(1-10)を見ると，演算子 $\hat{p}$ を x によって表現したときの具体的な形がわかる．

$$\hat{p} = -i\hbar\frac{\partial}{\partial x} \qquad (1\text{-}11)$$

3次元の場合は，

$$\hat{p} = -i\hbar\,\boldsymbol{\nabla} \qquad (1\text{-}12)$$

である．$\boldsymbol{\nabla}$ はナブラと呼ぶベクトル微分演算子で，

$$\boldsymbol{\nabla} = \left(\frac{\partial}{\partial x},\,\frac{\partial}{\partial y},\,\frac{\partial}{\partial z}\right)$$

である．

なお，力学系の全エネルギーを x と p によって表現したときに，それを古典論(解析力学という体系)ではハミルトン関数と呼んでいるが，ハミルトニアン演算子は，このハミルトン関数を演算子にしたものである．ハミルトン関数 H は，古典論で粒子の運動エネルギー T とポテンシャルエネルギー V の和で表されるので，m を粒子の質量として

$$H(x, p, t) = \frac{p^2}{2m} + V(x, t) \qquad (1\text{-}13)$$

である．これを量子化して演算子にするには，式(1-13)の p を(1-11)の $\hat{p}$ で置き換えればよいので，

$$\hat{H} = \frac{1}{2m}\left(-i\hbar\frac{\partial}{\partial x}\right)^2 + V(x, t) = -\frac{\hbar^2}{2m}\frac{\partial^2}{\partial x^2} + V(x, t) \qquad (1\text{-}14)$$

式(1-9)に(1-14)を代入すると

$$i\hbar\frac{\partial}{\partial t}\psi(x, t) = \left(-\frac{\hbar^2}{2m}\frac{\partial^2}{\partial x^2} + V(x, t)\right)\psi(x, t) \qquad (1\text{-}15)$$

これが，量子力学の基礎方程式であり，シュレディンガー方程式と呼ばれる．

ここで，系のエネルギー E が時刻 t によって変わらない場合を，**定常状態**

1.1 シュレディンガー方程式の導出

$$\psi(x,t) = A \sin\left[2\pi\left(\frac{x}{\lambda} - \frac{t}{T}\right)\right] \tag{1-3}$$

と表すことができる.

あるいは一般的に指数関数を使うと

$$\psi(x,t) = A \exp\left[2\pi i\left(\frac{x}{\lambda} - \frac{t}{T}\right)\right] \tag{1-4}$$

となる．これを微分方程式で表示すると，

$$\frac{\partial \psi}{\partial t} = -i2\pi\nu\psi \tag{1-5}$$

$$\frac{\partial \psi}{\partial x} = i\frac{2\pi}{\lambda}\psi \tag{1-6}$$

となる．

電子の示す波動性と粒子性を表現するために必要となる手続きを量子化と呼ぶ．シュレディンガー方程式は，古典的波動の従う方程式を量子化することで導かれる．シュレディンガー方程式を満たす関数 $\psi(x,t)$ を波動関数と呼ぶ．

ここで，上の式に $E = h\nu$ と $p = h/\lambda$ という量子化条件をとり入れる．

$$\frac{\partial \psi}{\partial t} = -i2\pi\nu\psi = -i2\pi\frac{E}{h}\psi = \frac{E}{i\hbar}\psi \quad \text{よって} \quad i\hbar\frac{\partial \psi}{\partial t} = E\psi \tag{1-7}$$

$$\frac{\partial \psi}{\partial x} = i\frac{2\pi}{\lambda}\psi = i\frac{2\pi}{h}p\psi = -\frac{p}{i\hbar}\psi \quad \text{よって} \quad -i\hbar\frac{\partial \psi}{\partial x} = p\psi \tag{1-8}$$

となる．ここで，$\hbar = \dfrac{h}{2\pi}$ という記号を使い，エイチ・バーと読む．これもプランク定数[*1]と呼ぶことがある．

この量子化の際に重要なのは，E や p のような古典論での物理量が量子論では**演算子**(operator)に変わることである．ここで，エネルギーに対応する演算子を**ハミルトニアン**(Hamiltonian)と呼び，$\hat{H}$ と書き表すことにする．これによって式(1-7)と(1-8)は，以下のようになる．

$$i\hbar\frac{\partial}{\partial t}\psi = \hat{H}\psi \tag{1-9}$$

---

*1 reduced Planck constant と呼ぶ．

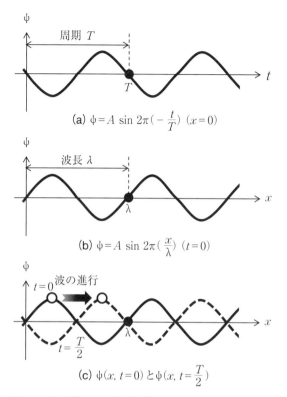

図 1-1 古典論における波動と,それを記述する関数.

電子は粒子性と波動性を併せ持つ.
これを数式で記述したものがシュレディンガー方程式
(Schrödinger equation)である.

このシュレディンガーの波動方程式を,古典的波動の従う方程式に基づいて導いてみよう.

図 1-1 に示すような古典的な波の高さは,波長 λ,周期 T あるいは振動数 ν ($=1/T$)を用いて

第1章
電子を記述する

電子のふるまいは，**シュレディンガー方程式**によって記述される．材料科学においては，定常状態にある電子についての**時間に依存しないシュレディンガー方程式**の解を知る必要がある．本章では，まずシュレディンガー方程式を導出し，量子論の考え方に慣れることにする．

1.1 シュレディンガー方程式の導出

金属などの固体表面に光を照射すると，光を吸収してその表面から電子が放出される．この現象を光電効果と呼ぶ．これは，光が波動であるとしては説明できない．1905年にアインシュタインは，振動数 ν の光を $E=h\nu$ のエネルギーを持つ粒子の流れであると考えて，この現象を説明することに成功した．それに先立ち，1900年にプランクは熱放射を説明するために，光のエネルギーは振動数 ν の定数倍しかとり得ないという量子仮説を提唱していた．そこで，この比例定数 h を**プランク定数**(Planck constant)と呼ぶ．$h=6.63\times10^{-34}$ J·s である．このように，光には粒子性と波動性という2重性があることが，アインシュタインによって提案され，のちに**光量子**(**フォトン**，photon)と呼ばれるようになった．

その後1924年にド・ブロイは，それまで粒子と考えられていた電子などすべての粒子に2重性があり，波動性を示すことを理論的に予想し，物質波という概念を提案した．そのエネルギーと運動量は次式で与えられる．

$$E=h\nu \quad (粒子性) \qquad (1\text{-}1)$$
$$p=h/\lambda \quad (波動性) \qquad (1\text{-}2)$$

電子が波動性を持つことは，1927年にデビッソンとガーマーおよびG.P.トムソン，また1928年に菊池によって実験的に検証された．また1926年にシュレディンガーは，物質波の理論に基づいて電子の波動方程式を導いた．

付録5　バンド構造と波数ベクトルの記号 …………………………… *175*
付録6　空格子近似による2次元正方格子についてのバンド構造 …… *179*

索　引 ……………………………………………………………………… *183*

（3）3次元への拡張　*114*
　　　（4）空格子近似による2次元および3次元結晶のバンド構造　*116*
　7.4　状態密度　*117*

第8章　密度汎関数論による電子状態計算 …………………………… *121*
　8.1　密度汎関数論　*121*
　8.2　原子核に及ぼされる力　*124*
　8.3　巨視的な応力および圧力　*125*

第9章　結晶の電子構造—密度汎関数バンド計算法による計算例 ……… *127*
　9.1　自由電子モデルが電子構造のよい近似となる物質—単純金属　*127*
　9.2　自由電子モデルから大きく離れた電子構造を持つ物質
　　　—遷移金属，共有結合性物質　*130*
　9.3　酸化物結晶の電子構造　*134*

第10章　第一原理計算の材料科学への応用 …………………………… *141*
　10.1　統計力学における熱力学関数　*141*
　10.2　第一原理計算による構造最適化　*143*
　10.3　第一原理計算による相転移圧力　*144*
　10.4　第一原理計算に基づいたフォノン状態と有限温度物性　*145*
　10.5　擬調和近似による熱膨張とギブズ自由エネルギー　*149*
　10.6　多成分系における相安定性　*150*
　10.7　多成分系における固溶体および平衡状態図の計算　*151*
　10.8　第一原理分子動力学計算　*156*
　10.9　格子欠陥の構造と電子状態　*157*

付録1　電子の角運動量に関する交換関係 …………………………… *163*
付録2　演算子の極座標表示 …………………………………………… *165*
付録3　水素原子の無限鎖の波動関数のエネルギー ε_k と波数 k の関係 … *171*
付録4　平面波をベース関数としたときの永年方程式 ……………… *173*

3.6 電子雲による遮蔽効果　50
3.7 一般の原子の電子構造と周期表　52

第4章　分子の電子構造—分子オービタル法　61
4.1 変分原理　61
4.2 リッツの変分法　62
4.3 分子オービタル法（1）—水素分子イオン　66
4.4 分子オービタル法（2）—水素分子　70
4.5 分子オービタル法（3）—一般的な分子　72
4.6 等核2原子分子　75
4.7 結合の次数　77
4.8 異核2原子分子　78
4.9 共有結合性とイオン性　80

第5章　遷移金属錯体の電子構造　83
5.1 結晶場理論と分子のスピン状態　83
5.2 配位子場理論　87
5.3 錯体の着色　88

第6章　結晶の電子構造—模式図　93
6.1 単体結晶の電子構造　93
6.2 単純金属酸化物結晶の電子構造　97
6.3 遷移金属酸化物結晶の電子構造　101

第7章　結晶の電子構造—バンド計算法　103
7.1 水素原子の1次元の鎖—有限長さから無限長さまで　103
7.2 ブロッホの定理　106
7.3 バンド計算法　108
　（1）　自由電子モデル　108
　（2）　ポテンシャルが1次元の周期性を持っている場合　109

目次

はじめに ……………………………………………………………… i
参考書 ……………………………………………………………… iii

第1章　電子を記述する ………………………………………… *1*
1.1　シュレディンガー方程式の導出　*1*
1.2　演算子について　*6*
1.3　固有方程式，固有関数と固有値　*7*
1.4　平均値(期待値)と分散　*8*
1.5　量子論での測定値と平均値(期待値)，不確定性　*9*
1.6　電子の位置　*12*
1.7　電子の角運動量　*15*

第2章　シュレディンガー方程式の解法 ………………………… *17*
2.1　1次元の無限に深い井戸型ポテンシャル中の電子　*17*
2.2　2次元と3次元の場合　*20*
2.3　円環中の電子：周期的境界条件　*21*

第3章　原子の電子構造 ………………………………………… *25*
3.1　水素原子に束縛された電子についてのシュレディンガー方程式　*25*
3.2　電子の角運動量の極座標表示　*28*
3.3　水素原子についての原子オービタル　*28*
　（1）　波動関数が球対称であるとき　*28*
　（2）　波動関数が球対称でないとき　*33*
3.4　電子のスピンと，それに関わる量子数　*41*
3.5　2電子原子の電子構造　*45*

第 10 章

- W. グライナー,L. ナイゼ,H. シュテッカー著,伊藤伸泰,青木圭子訳,熱力学・統計力学,丸善出版(2009)
- H. B. キャレン著,小田垣孝訳,熱力学および統計物理入門(上)(下),吉岡書店(1998)(1999)

参　考　書

第1章，第2章
- 中嶋貞雄，量子力学I原子と量子(物理入門コース5)，岩波書店(1983)
- 前野昌弘，よくわかる量子力学，東京図書(2011)
- 戸嶋信幸，量子力学(物理学基礎シリーズ)，理工図書(2011)
- J.J.サクライ，J.ナポリターノ著，桜井明夫訳，現代の量子力学(上)第2版，吉岡書店(2014)

第3章，第4章
- 大野公一，量子化学(化学入門コース6)，岩波書店(1996)
- 原田義也，量子化学(上)(下)，裳華房(2007)(2007)
- A.ザボ，N.S.オストランド著，大野公男，望月祐志，阪井健男訳，新しい量子化学—電子構造の理論入門(上)(下)，東京大学出版会(1987)(1988)
- 足立裕彦，量子材料化学入門，三共出版(1991)

第5章
- 上村洸，菅野暁，田辺行人，配位子場理論とその応用(物理科学選書)，裳華房(1997)
- 今野豊彦，物質の対称性と群論，共立出版(2001)

第7章
- アシュクロフト，マーミン著，松原武生，町田一成訳，固体物理の基礎(上・1)(上・2)(下・1)(下・2)，吉岡書店(1981)(1981)(1982)(2008)
- H.イバッハ，H.リュート著，石井力，木村忠正訳，固体物理学—21世紀物質科学の基礎，丸善出版(2012)

第8章
- R.G.パール，W.ヤング著，狩野覚，関元，吉田元二監訳，原子・分子の密度汎関数法，丸善出版(2012)
- R.M.マーチン著，寺倉清之，寺倉郁子訳，物質の電子状態(上)(下)，丸善出版(2012)(2012)

はじめに

活用した新物質探索や材料設計も現実のものとなりつつある．本書の企画を始めたのは10年以上も前であるが，そのときには想像もできなかった大きな進歩が見られている．

本書は，京都大学工学部物理工学科材料科学コースにおいて3回生以上を対象に行ってきた講義内容を基に，成書化にあたって内容を補完したものである．電子を記述するためのシュレディンガー方程式の導出からはじめ，孤立原子，単純分子について解説したあと，結晶の電子構造について述べた．そして最後に，第一原理計算を材料科学へ応用するための流れについて概説した．これまでに出版された多くの入門書は，一般的な量子力学，分子を中心に解説した量子化学と，結晶を中心に解説した固体物理学とに分類される．本書では，原子，分子から結晶までを一連の流れとして記述することを目指し，さらに材料科学に応用することも強く意識したため，類書にない構成となった．理解の助けとするために，とくに前半部では，例題とその解説にページを割くようにした．諸君の学習の助けになれば幸いである．

本書の内容を深く理解するには，多くの参考書にあたることを薦める．初学者にとって，図書館や書店で実際に手にとって，自分と相性のよい本を見つけることは大事である．次ページにリストした参考書以外にも多くの優れた書物があると思う．

本書の執筆にあたり，京都大学を中心とした多くの同僚や学生のコメントやサポートをいただいた．いちいちお名前を上げないが，深く感謝を申し上げたい．また第9章と第10章に示したバンド計算と作図の労をとっていただいた東後篤史博士と日沼洋陽博士にも謝意を表したい．

2017年9月

著者を代表して

田中　功

はじめに

　本書は，材料科学を修めようとする大学生や，材料工学分野で活躍している若手研究者を対象に，量子論に基づいて物質の電子構造を理解してもらうことを目指して執筆したものである．

　核反応を除く物質のすべての物理的・化学的性質は，その中に存在する原子核と電子の挙動がわかれば理解できる．また通常，原子核は電子よりもずっとゆっくりと運動しているため，原子核の位置を固定して電子の運動だけを取り扱うという近似を行うことができる．つまり，物質の物理的・化学的性質や挙動を理解することと，その物質の電子状態や挙動を理解することは，全く等価である．しかし電子の振る舞いは，私たちが直感的に理解しやすいニュートンの運動方程式に支配されるのではなく，シュレディンガー方程式によって記述される．したがって，波動関数や電子密度といった私たちに親しみがなかったものを駆使しなければ正確に取り扱うことができない．この波動関数や電子密度を理解するには，普通のニュートン力学の世界に生きている人には，それなりのトレーニングが必要である．しかし，この概念に慣れてしまえば，シュレディンガー方程式によって記述される世界は，むしろ明快であることも理解できるだろう．

　材料科学分野は，20世紀後半に熱力学・統計力学に立脚して発展した．これと並行して，物質の構造を様々な実験的手段により解析し，構造と物理的・化学的性質とを結びつける学問体系も整備された．21世紀に入り，計算機とその利用技術に大きな進歩があり，物質の電子構造を，実験で得られる経験的情報なしに，第一原理計算と呼ばれる手法によって定量的に評価することが可能となった．この分野の進展は急速であり，第一原理計算結果を熱力学・統計力学と結びつける応用研究も盛んになってきた．先端的な材料科学研究では，第一原理計算を活用することが不可欠といっても過言でない状況となっている．すでに5万件を超える既知の無機結晶について，その電子構造や生成エネルギーなどの計算結果がデータベース化され，研究者が利用できるようになっている．データ科学を

関数のところでスカラーの掛け算が演算子となる場合は特殊と述べたが，行列でも同様である．スカラーの掛け算は行列では

$$\mathbf{A} = \begin{pmatrix} 3 & 0 \\ 0 & 3 \end{pmatrix}, \quad \mathbf{B} = \begin{pmatrix} 5 & 0 \\ 0 & 5 \end{pmatrix}$$

のような形の行列に対応する．これを対角行列というが，この場合には$\mathbf{AB}$と$\mathbf{BA}$が等しい．つまり演算子は交換可能となる．

このような演算子の交換関係を$(\hat{A}\hat{B} - \hat{B}\hat{A}) = [\hat{A}, \hat{B}]$という記号で表現する．上述のように，一般に演算子は交換できない，つまり$[\hat{A}, \hat{B}] \neq 0$である．特殊な場合にのみ演算子は交換できる．

1.3 固有方程式，固有関数と固有値

ある演算子$\hat{A}$について，作用させる関数fをうまく選んだときに，その演算の結果が作用させる関数の定数倍afになる，つまり，$\hat{A}f = af$が成り立つ．この式を**固有方程式**（**特性方程式**）(eigenvalue equation/characteristic equation)と呼び，aとfをそれぞれ**固有値**(eigenvalue)，**固有関数**(eigenfunction)と呼ぶ．

例えば，演算子$\hat{A}$として微分演算子$\dfrac{d}{dx}$を考えたとき，固有関数として$f = \exp(cx)$を選ぶと，固有値はcとなる．

演算子として行列$\mathbf{A} = \begin{pmatrix} 2 & 1 \\ 1 & 2 \end{pmatrix}$を考えたときは，固有関数として$\begin{pmatrix} 1 \\ 1 \end{pmatrix}$を選ぶと固有値は3，つまり

$$\begin{pmatrix} 2 & 1 \\ 1 & 2 \end{pmatrix} \begin{pmatrix} 1 \\ 1 \end{pmatrix} = 3 \begin{pmatrix} 1 \\ 1 \end{pmatrix}$$

となり，固有関数として$\begin{pmatrix} 1 \\ -1 \end{pmatrix}$を選ぶと固有値は1となる．

例題
行列$\mathbf{A}$の固有値を求めなさい．

解
行列$\mathbf{A}$の固有方程式を解く．$\mathbf{E}$は単位行列，λは固有値として

$$\mathbf{A}f = \lambda f = \lambda \mathbf{E}f$$
$$(\mathbf{A} - \lambda \mathbf{E})f = 0$$
$$|\mathbf{A} - \lambda \mathbf{E}| = 0$$
$$\begin{vmatrix} 2-\lambda & 1 \\ 1 & 2-\lambda \end{vmatrix} = (2-\lambda)^2 - 1 = (\lambda-1)(\lambda-3) = 0$$

よって $\lambda = 3$, $\lambda = 1$.

1.4 平均値(期待値)と分散

　量子論では，後述する理由で，ある物理量について平均値(期待値)を求めることが多い．まず単純な問題を考えよう．

　N 人で構成されるクラスのテストの点 y ($0 \leq y \leq 100$) の平均は，

$$\langle y \rangle = \frac{1}{N} \sum_{i=1}^{N} y_i$$

であるが，100点が3人，99点が5人…0点が3人というように，各点数 y_j での人数を n_j とすると，

$$\langle y \rangle = \sum_{j=0}^{100} y_j n_j \bigg/ \sum_{j=0}^{100} n_j$$

と書いてもよい．もちろん $N = \sum_{j=0}^{100} n_j$ である．n_j は同点数の人数であるが，これを y の関数と考えると**分布関数**(distribution function)と呼ばれるものであり，$g(y_j) = n_j \bigg/ \sum_{j=0}^{100} n_j$ が規格化された分布関数，つまり $\sum_{j=0}^{100} g(y_j) = 1$ となる．y を連続変数として考えると，$\int_0^{100} g(y) dy = 1$ であり，

$$\langle y \rangle = \int_0^{100} y g(y) dy \tag{1-20}$$

となる．

　またテストの点のばらつき(ゆらぎ)は，標準偏差 σ，あるいは分散 σ^2 で与え

られる．それは

$$\sigma_y^2 = \frac{1}{N} \sum_{j=0}^{100} (y_j - \langle y \rangle)^2 \tag{1-21}$$

あるいは，

$$\sigma_y^2 = \int_0^{100} (y - \langle y \rangle)^2 g(y)\, dy \tag{1-22}$$

で表される．これは(　)の2乗を展開して整理すると

$$\sigma_y^2 = \int_0^{100} y^2 g(y)\, dy - \langle y \rangle^2 = \langle y^2 \rangle - \langle y \rangle^2 \tag{1-23}$$

と書くことができる．

1.5　量子論での測定値と平均値(期待値)，不確定性

　一般に，演算子 $\hat{A}$ と $\hat{B}$ とが交換可能(可換)，つまり $[\hat{A}, \hat{B}] = 0$ であるとき，$\hat{A}$ と $\hat{B}$ に共通の固有関数 f が存在する．すなわち，

$$\hat{A}f = af \tag{1-24}$$
$$\hat{B}f = bf \tag{1-25}$$

が成り立ち，a と b という2つの物理量は同時に測定することができる[*3]．

　式(1-17)のように，電子のハミルトニアン $\hat{H}$ については，電子の波動関数 ψ が固有関数であり，その測定値はエネルギー E である．ある演算子 $\hat{G}$ がハミルトニアン $\hat{H}$ と交換可能であるときには，演算子 $\hat{G}$ の固有関数も波動関数 ψ となるので，波動関数 ψ のもとで $\hat{G}$ を測定すると，その結果は常に固有値で与えられるものとなる．ここで測定装置に起因した誤差は無視している．これを測定値が確定しているという．

　一方で，$\hat{G}$ がハミルトニアン $\hat{H}$ と交換可能でない場合には，電子の波動関数 ψ は $\hat{G}$ の固有関数にならない．そのとき，$\hat{G}$ の測定値は確定せず，多数回の測定を行うと，測定値はばらつきを生じることになる．このばらつきは，測定装置

[*3] これは縮退のない場合，つまり固有値 a や b を与える固有関数 f が1つしか存在しない場合に一般的に成立する．縮退のある場合においても，縮退している固有関数 f_1 と f_2 の適当な線形結合を考えることにより，同時固有関数を作ることができる．

の問題ではない本質的なものである．これを**不確定性**(uncertainty)と呼んでいる．このとき，測定値の平均値(期待値)は，次式で与えられる．

$$\langle G \rangle = \frac{\int \psi^*(\boldsymbol{r}) \hat{G} \psi(\boldsymbol{r}) d\boldsymbol{r}}{\int \psi^*(\boldsymbol{r}) \psi(\boldsymbol{r}) d\boldsymbol{r}} \tag{1-26}$$

演算子 $\hat{G}$ がハミルトニアン $\hat{H}$ と交換可能である場合にも式(1-26)は成立し，期待値は固有値と一致する．

式(1-19)のように波動関数が規格化されていると，式(1-26)の分母は 1 となり，$\langle G \rangle$ は式(1-26)の分子で与えられる．

すなわち

$$\langle G \rangle = \int \psi^*(\boldsymbol{r}) \hat{G} \psi(\boldsymbol{r}) d\boldsymbol{r} \tag{1-27}$$

である．

また式(1-23)より，演算子 $\hat{G}$ についての測定値のばらつきは，

$$(\sigma_G)^2 = \int \psi^*(\boldsymbol{r}) \hat{G} \hat{G} \psi(\boldsymbol{r}) d\boldsymbol{r} - \langle G \rangle^2 \tag{1-28}$$

で与えられる．まとめると，以下のようになる．

> ある演算子 $\hat{G}$ がハミルトニアン $\hat{H}$ と交換可能であるときには，演算子 $\hat{G}$ の固有関数も波動関数 ψ となり，$\hat{G}$ を測定するとその結果は常に固有値で与えられるものとなる．これを測定値が確定しているという．一方で，$\hat{G}$ がハミルトニアン $\hat{H}$ と交換可能でない場合には，電子の波動関数 ψ は固有関数にならない．そのとき，$\hat{G}$ の測定値は不確定となり，測定値の平均値(期待値)が，式(1-27)で与えられる．

粒子の位置の演算子 $\hat{x}$ と運動量の演算子 $\hat{p}_x$ の間には，交換関係が成立しない．したがって，両者を測定して，同時に確定することはできない．その測定値のばらつき Δx と Δp_x の積はプランク定数程度，すなわち

$$\Delta x \cdot \Delta p_x \sim h \tag{1-29}$$

となる．このような関係を**不確定性原理**(uncertainty principle)と呼ぶ．

1.5 量子論での測定値と平均値(期待値),不確定性

例題

粒子の位置の演算子 $\hat{x}$ と運動量の演算子 $\hat{p}_x$ の間には,交換関係が成立しないことを示せ.

解

演算子 $\hat{x}$ と $\hat{p}_x$ を x によって表現すると,式(1-11)より,それぞれ x と $\hat{p}_x = -i\hbar\dfrac{\partial}{\partial x}$ となる.任意の x の関数 ϕ について,

$$\hat{x}\hat{p}_x\phi = x\left(-i\hbar\dfrac{\partial}{\partial x}\right)\phi = -i\hbar x\dfrac{\partial \phi}{\partial x}$$

$$\hat{p}_x\hat{x}\phi = -i\hbar\dfrac{\partial}{\partial x}x\phi = -i\hbar\phi - i\hbar x\dfrac{\partial \phi}{\partial x}$$

よって,

$$(\hat{x}\hat{p}_x - \hat{p}_x\hat{x})\phi = i\hbar\phi, \quad [\hat{x}, \hat{p}_x] = i\hbar \quad [\hat{x}, \hat{p}_x] \neq 0$$

であり,演算子 $\hat{x}$,$\hat{p}_x$ の間に交換関係が成立しない.

例題

ハミルトニアン $\hat{H}$ について,ϕ が固有関数で E が固有値,すなわち $\hat{H}\phi = E\phi$ であるとき,$\hat{H}$ についての測定値,つまりエネルギーが E に確定することを,測定値のばらつきを評価して確認しなさい.

解

$\hat{H}\phi = E\phi$ の測定値のばらつきを式(1-28)で評価すると,

$$\int \phi^*(\boldsymbol{r})\hat{H}\hat{H}\phi(\boldsymbol{r})d\boldsymbol{r} = \int \phi^*(\boldsymbol{r})\hat{H}E\phi(\boldsymbol{r})d\boldsymbol{r}$$

$$= E\int \phi^*(\boldsymbol{r})\hat{H}\phi(\boldsymbol{r})d\boldsymbol{r}$$

$$= E^2\int \phi^*(\boldsymbol{r})\phi(\boldsymbol{r})d\boldsymbol{r} = E^2$$

だから,$\sigma_E^2 = E^2 - E^2 = 0$ となる.つまり,測定値は固有値 E に確定する.

例題
ハミルトニアン $\hat{H}$ と電子の位置の演算子 $\hat{x}$ が交換可能でないことを示しなさい．

解
$$[\hat{H}, \hat{x}] = \left[\frac{\hat{p}_x^2}{2m} + V(x), \hat{x}\right] = \left[\frac{\hat{p}_x^2}{2m}, \hat{x}\right] + [V(x), \hat{x}] = \frac{1}{2m}[\hat{p}_x^2, \hat{x}]$$
$$= \frac{1}{2m}(\hat{p}_x[\hat{p}_x, \hat{x}] + [\hat{p}_x, \hat{x}]\hat{p}_x)$$
$$= \frac{1}{2m}(\hat{p}_x(-i\hbar) + (-i\hbar)\hat{p}_x)$$
$$= -\frac{i\hbar}{m}\hat{p}_x$$

$[\hat{H}, \hat{x}] \neq 0$ であり，電子の位置の測定値は確定しない．

1.6 電子の位置

電子の位置の演算子 $\hat{x}$ は，ハミルトニアン $\hat{H}$ と交換可能でないため，測定値は確定しない．したがって，電子の位置を1個ずつ精度よく計測できる装置を使ったとしても，各電子の位置を確定することができない．同じ波動関数で表される電子について多数回計測し，その統計平均をとった分布だけが意味のあるものになる．その電子の位置の統計平均（期待値）は，式(1-27)に従って，

$$\langle x \rangle = \int \phi^*(\boldsymbol{r})\hat{x}\phi(\boldsymbol{r})d\boldsymbol{r} \tag{1-30}$$

と与えられる．

さきに述べたように，電子の波動関数の2乗 $\rho(\boldsymbol{r}) = |\phi(\boldsymbol{r})|^2$ は，電子の分布関数であり，それを**電子雲**（electron cloud）と表現することがある．電子雲という言葉を聞くと，1つ1つの電子が綿菓子のような広い空間分布を持っており，それ自身を観測できるかのようなイメージを持ってしまうかもしれない．そのイメージは間違いである．個々の電子が波動関数に対応する雲状の分布を持つと見なすと同時に，個々の電子を粒子と考えなければならない．これが電子の2重性

1.6 電子の位置

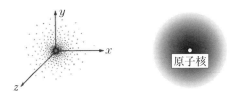

図1-2 水素原子周囲の電子密度．(左)電子の存在確率を点で表示したもの，(右)電子雲．

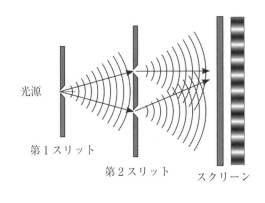

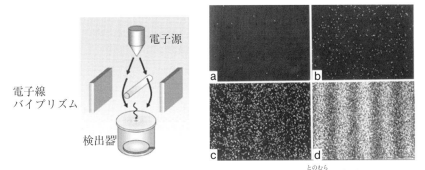

図1-3 (上)光についてのヤングの実験，(下)電子についての外村の実験．a，b，c，d の順に検出器で長い時間計測した結果となっている(A. Tonomura, et al., Am. J. Phys. **57**(1989)117 より)．

である．個々の電子の位置は確定できないが，同じ状態にある電子について統計的に分布関数を作ったものが電子雲なのである．**図 1-2** に，水素原子周囲の電子の分布関数を 2 通りに図示した．電子雲の実態は，電子の存在確率であることを理解してほしい．

電子の位置の不確定性と統計的な分布を視覚的にわかりやすく示したのが，有名な外村（とのむら）による電子顕微鏡を利用した実験である．光の波動性は，**図 1-3** に示すヤングの実験において示される．光を 2 重スリットに通すと，スクリーンに干渉縞が出現する．これは，多数の光量子についての重ね合わせの結果と解釈できる．外村は同様の実験を，電子と 2 重スリットを用いて行った．図 1-3 に示すように，電子数が少ないときには，スクリーンに残る電子のあとは明瞭な縞模様にならない．これは分布関数のごく一部だけが観測されているためである．これに対し，多くの電子について計測し，その結果を重ねると，きれいな干渉縞が出現する．

例題

第 2 章で解法を述べるように，1 次元で $0 \leq x \leq L$ の範囲でポテンシャル $V=0$，それ以外の領域で $V=\infty$ という無限に深い井戸（図 2-1）の中に存在する電子の波動関数のうち，最もエネルギーの低いもの（基底状態）は，

$$\phi_1(x) = \sqrt{\frac{2}{L}} \sin\left(\frac{\pi x}{L}\right)$$

で与えられる．

この電子について，演算子 $\hat{x}$ および $\hat{p}_x$ の期待値を計算しなさい．また，演算子 $\hat{x}$ について測定をしたときのばらつきの大きさ σ_x を求めなさい．

解

$$\langle x \rangle = \frac{2}{L} \int_0^L \sin\left(\frac{\pi x}{L}\right) x \sin\left(\frac{\pi x}{L}\right) dx = \frac{2}{L} \int_0^L \sin^2\left(\frac{\pi x}{L}\right) x \, dx$$

$$= \frac{1}{L} \int_0^L \left[1 - \cos\left(\frac{2\pi x}{L}\right)\right] x \, dx = \frac{1}{L} \left(\left[\frac{x^2}{2}\right]_0^L\right) = \frac{L}{2}$$

$$\langle p_x \rangle = \frac{2}{L}\int_0^L \sin\left(\frac{\pi x}{L}\right)\left(-i\hbar\frac{\partial}{\partial x}\right)\sin\left(\frac{\pi x}{L}\right)dx$$

$$= \frac{2}{L}i\hbar\int_0^L \sin\left(\frac{\pi x}{L}\right)\cos\left(\frac{\pi x}{L}\right)dx = 0$$

$$\sigma_x^2 = \frac{2}{L}\int_0^L \sin\left(\frac{\pi x}{L}\right)x^2\sin\left(\frac{\pi x}{L}\right)dx - \left(\frac{L}{2}\right)^2$$

$$= \frac{2}{L}\int_0^L \sin^2\left(\frac{\pi x}{L}\right)x^2 dx - \left(\frac{L}{2}\right)^2$$

$$= \frac{1}{L}\int_0^L \left[1-\cos\left(\frac{2\pi x}{L}\right)\right]x^2 dx - \left(\frac{L}{2}\right)^2 = L^2\left(\frac{1}{12}-\frac{1}{2\pi^2}\right) \fallingdotseq (0.18L)^2$$

1.7 電子の角運動量

電子に関して，**図1-4**に示すような位置ベクトルrと運動量ベクトル$p=mv$のベクトル積$l=r\times p$で定義される**角運動量**(angular momentum)ベクトルlを議論することが多い．

この演算子の各成分についての交換関係は，

$$[\hat{l}_x, \hat{l}_y] = i\hbar\hat{l}_z$$
$$[\hat{l}_y, \hat{l}_z] = i\hbar\hat{l}_x$$
$$[\hat{l}_z, \hat{l}_x] = i\hbar\hat{l}_y \tag{1-31}$$

である．すなわち角運動量の成分同士は交換不可能であり，同時に確定することはできない．

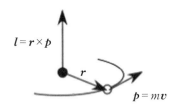

図1-4 角運動量ベクトルの定義．

続いて，角運動量の 2 乗の演算子

$$\hat{l}^2 = \hat{l}_x^2 + \hat{l}_y^2 + \hat{l}_z^2 \tag{1-32}$$

と各成分との交換関係を調べると，

$$[\hat{l}^2, \hat{l}_x] = [\hat{l}^2, \hat{l}_y] = [\hat{l}^2, \hat{l}_z] = 0 \tag{1-33}$$

を得る．すなわち，角運動量の 2 乗の演算子 $\hat{l}^2$ と，角運動量の各成分は交換可能で，両者を同時に確定することができる．

式(1-31)および式(1-33)の証明は，付録 1 に示す．

第2章
シュレディンガー方程式の解法

　シュレディンガー方程式の意味を理解するには，実際に解いてみるのが一番である．一般に，シュレディンガー方程式を解くためには初期条件と境界条件が必要となるが，定常状態の電子の場合には，境界条件だけでよい．本章では，まず単純な境界条件の場合について説明する．第3章では，原子に束縛された電子について述べる．

2.1　1次元の無限に深い井戸型ポテンシャル中の電子

　図2-1に示すような1次元の無限に深い井戸の中に電子が閉じ込められている場合を考える．ハミルトニアン $\hat{H}$ は1次元なので次式で与えられる．

$$\hat{H} = -\frac{\hbar^2}{2m}\frac{d^2}{dx^2} + V(x) \tag{2-1}$$

m は電子の質量である．シュレディンガー方程式 $\hat{H}\psi = E\psi$ の境界条件は，井戸の両端で $\psi(x)=0$ となること，すなわち $\psi(0)=\psi(L)=0$ で与えられる．また電子の感じるポテンシャル（位置エネルギー）$V(x)$ に以下の境界条件を課すこと

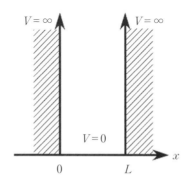

図2-1　1次元の無限に深い井戸型ポテンシャル．

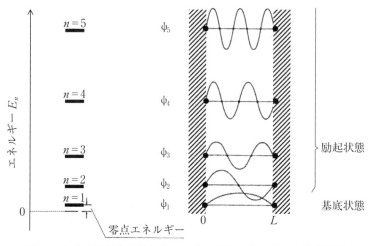

図 2-2 図 2-1 に示すポテンシャル中の電子エネルギーと波動関数.

ができる.

$$V(x) = 0 \quad (0 < x < L)$$
$$V(x) = +\infty \quad (x \leq 0, x \geq L) \tag{2-2}$$

井戸の内側では,シュレディンガー方程式 $\hat{H}\psi = E\psi$ は,以下の単純な微分方程式となる.

$$-\frac{\hbar^2}{2m}\frac{d^2}{dx^2}\psi(x) = E\psi(x) \tag{2-3}$$

これを整理し, $k = \frac{\sqrt{2mE}}{\hbar}$ とおくと,

$$\frac{d^2}{dx^2}\psi(x) = -k^2\psi(x) \tag{2-4}$$

であり,一般解は,

$$\psi(x) = A\exp(ikx) + B\exp(-ikx) \tag{2-5}$$

である.境界条件 $\psi(0) = 0$ より, $c = 2Ai$ とおいて

$$\psi(x) = c \sin(kx)$$

となり，k は波数に対応する．もう1つの境界条件 $\psi(L) = 0$ より，$\sin(kL) = 0$ である．よって，k は $\dfrac{\pi}{L}$ の正の整数倍，つまり $k_n = \dfrac{n\pi}{L}$ $(n = 1, 2, 3, ...)$ を満足しなければならず，波動関数は，図2-2で示すように正の整数 n で識別される正弦波，

$$\psi_n(x) = c \sin\left(\frac{n\pi}{L}x\right) \tag{2-6}$$

となる．エネルギーも n で識別されて，$k_n = \dfrac{\sqrt{2mE_n}}{\hbar} = \dfrac{n\pi}{L}$ より，

$$E_n = \left(\frac{n\pi}{L}\right)^2 \frac{\hbar^2}{2m} = \frac{n^2\pi^2\hbar^2}{2mL^2} \tag{2-7}$$

で与えられる．

規格化条件を考えると，

$$\int |\psi_n(x)|^2 dx = c^2 \int_0^L \sin^2\left(\frac{n\pi x}{L}\right) dx = 1$$

公式 $\sin^2 x = \dfrac{1 - \cos 2x}{2}$ を用いると

$$\int_0^L \sin^2\left(\frac{n\pi x}{L}\right) dx = \frac{1}{2} \int_0^L \left[1 - \cos\left(\frac{2n\pi x}{L}\right)\right] dx = \frac{L}{2}$$

となる．

したがって，$c = \sqrt{\dfrac{2}{L}}$ であり，波動関数は次式で与えられる．

$$\psi_n(x) = \sqrt{\frac{2}{L}} \sin\left(\frac{n\pi x}{L}\right) \quad (n = 1, 2, 3, ...) \tag{2-8}$$

このように，井戸に閉じ込められた電子のエネルギーは離散的な値をとる．これを**エネルギーの量子化**と呼び，その値のことを**エネルギー準位**(energy level)と呼ぶ．そして，エネルギー準位を識別する n のことを**量子数**(quantum number)と呼ぶ．図2-2に示すように，$n = 1$ の状態がエネルギー最小のもので，これを**基底状態**(ground state)と呼ぶ．$n > 1$ の場合を**励起状態**(excited state)と呼ぶ．

前章で述べたように,波動関数の2乗 $\rho(\boldsymbol{r}) = |\psi(\boldsymbol{r})|^2$ が電子の存在確率を示す.基底状態の波動関数を考えると,電子密度は,井戸の中心付近が最大で,正弦波の2乗に従って両端に行くほど小さくなることがわかる.古典論で同様の問題を考えたときに粒子の存在確率がどの位置でも等しくなるのとは大きな違いがある.また励起状態について考えると,電子密度がゼロになる『節』が $n-1$ 個できていることがわかる.このように

波動は一般に節の数が増えるほどエネルギーが高くなる.

井戸の中の電子の基底状態のエネルギーは式(2-7)より,

$$E_1 = \frac{\pi^2 \hbar^2}{2mL^2}$$

である.この電子の位置エネルギーは0と与えたので,この電子は,基底状態のエネルギー分の運動エネルギーを基底状態,すなわち絶対零度でも持っていることになる.これを**零点エネルギー**(zero-point energy)と呼ぶ.このエネルギーの存在は不確定性原理の結果であり,古典論では説明できない量子論の効果である.量子論の効果は,L の大きさにつれて小さくなり,L が十分に大きいと無視できるようになる.

2.2　2次元と3次元の場合

2次元で,正方形型の底の平らな井戸型ポテンシャル,円形の底の平らな井戸型ポテンシャルの場合の波動関数をそれぞれ**図2-3**に示す.ここでは,波動関数が正になる部分と負になる部分を白黒で色分けしてある.正方形型の場合には,x 方向と y 方向が等価であり,これらを入れ替えた波動関数に相当する状態は,全く同じエネルギーを持つ.このような場合を固有値が**縮退**または**縮重**(degenerate)しているという.図中の白黒の境界が波動関数の節である.x 方向と y 方向それぞれの節の数が多いほど,エネルギーが高くなっている.円形の場合は,円座標をとり,半径方向と円周方向の2つの変数,**動径**(radius)r と**偏角**(angle)ϕ を考えると,正方形型の場合と同様に,それぞれの変数について節の数が多いほど,エネルギーが高くなっていることがわかる.

3次元での球状の領域で底の平らな井戸型ポテンシャルについても,2次元の

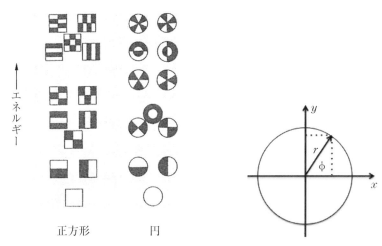

図 2-3 (左)2次元の井戸型ポテンシャル中の波動関数の位相．(右)円座標．

円の場合の類推で考えることができる．波動関数の形状を表すためには，動径成分と角度成分を別個に表示することが一般的である．第3章で例を示す．

2.3 円環中の電子：周期的境界条件

図 2-4 のような円周の長さ L の円環を作ってみる．ここで L は十分に大きく，円弧の曲がりの効果は無視できると仮定する．一般に，この条件を**周期的境界条件**(periodic boundary condition)と呼ぶ．また $V(x)=0$ とする．このときのシュレディンガー方程式の解は，図 2-1 の場合と境界条件が異なるだけである．前回は $\psi(0)=\psi(L)=0$ であったが，今回は $\psi(x)=\psi(x+L)$ となる．波動関数が満たすべき方程式は，式(2-4)

$$\frac{d^2}{dx^2}\psi(x) = -k^2\psi(x), \quad k = \frac{\sqrt{2mE}}{\hbar}$$

と同じであり，一般解は式(2-5)，

$$\psi(x) = A\exp(ikx) + B\exp(-ikx) \tag{2-5}$$

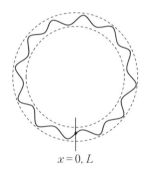

図 2-4 円周の長さ L の円環.

である.

境界条件を満たすには，図 2-4 に実線で示すように，波長が円周 L の整数分の 1，すなわち $\dfrac{L}{n}$ であればよい．よって波数は $k_n = \dfrac{2n\pi}{L}$ のみが許される．エネルギー E_n は，$\dfrac{2n\pi}{L} = \dfrac{\sqrt{2mE_n}}{\hbar}$ より

$$E_n = \frac{n^2(2\pi)^2\hbar^2}{2mL^2} \qquad (n=0, \pm 1, \pm 2, \ldots) \tag{2-9}$$

となる．図 2-1 の場合には許されなかった $n=0$ の場合も，図 2-4 の場合は解となる．

一般に，運動量演算子 $\hat{p}_x$ とハミルトニアン $\hat{H}$ は交換しない，すなわち $[\hat{H}, \hat{p}_x] \neq 0$ である．これはエネルギーと運動量が同時に確定できないことを意味している(不確定性原理)．しかし，いま考えているようにポテンシャル $V(x)=0$ で，ハミルトニアンが $\hat{H} = \dfrac{\hat{p}_x^2}{2m}$ と表される場合には，$[\hat{p}_x^2, \hat{p}_x]=0$ なので，$[\hat{H}, \hat{p}_x]=0$ となる．このようなとき，波動関数 $\psi(x)$ は運動量演算子 $\hat{p}_x$ の固有関数にもなる．実際に運動量演算子 $\hat{p}_x = -i\hbar\dfrac{\partial}{\partial x}$ を波動関数に作用させると，式(2-10)が得られる．

$$\hat{p}_x \psi(x) = \hbar k(A\exp(ikx) - B\exp(-ikx)) \tag{2-10}$$

2.3 円環中の電子:周期的境界条件

ここで,$B=0$のとき,つまり$\psi(x)=A\exp(ikx)$となる場合のみ,波動関数$\psi(x)$がエネルギーと運動量演算子の固有状態となり,固有値$\hat{p}_x=\hbar k$となることがわかる.

規格化条件を考慮すると,$A^2=\dfrac{1}{L}$となり,波動関数は次のように表される.

$$\psi_n(x)=\sqrt{\dfrac{1}{L}}\exp(ik_n x),\quad k_n=\dfrac{2n\pi}{L}\quad (n=0,\pm 1,\pm 2,\ldots) \tag{2-11}$$

この波動関数は複素数であるが,電子密度は$|\psi_n(x)|^2=\dfrac{1}{L}$であり,円周方向に一定値となる.これは 1.5 節で述べた不確定性原理に基づくと,『電子の運動量を確定すると位置が定まらない』と理解できる.なお図 2-4 の実線は,複素数の波動関数の実部だけを描いた波となっている.紙面垂直方向に虚部があると考えればよい.

このように周期的境界条件のもとでシュレディンガー方程式を取り扱う手法は,第 7 章で結晶の電子構造を記述するときに用いる.7.3 節で述べる 1 次元の自由電子モデルは,本節で述べた円環モデルに相当する.

第3章

原子の電子構造

第2章で，単純な井戸型ポテンシャルのもとでのシュレディンガー方程式の解を述べた．原子に束縛された電子についても，全く同じやり方で記述できる．その解を**原子オービタル**(atomic orbital)[*1]と呼ぶ．本章では，まず以下のことを示すことにする．

> 孤立した水素原子(電子1つ)に束縛された電子についてのシュレディンガー方程式には厳密解があり，それが $1s, 2s, 2p_x, ...$ などと命名されている原子オービタルである．

3.1 水素原子に束縛された電子についてのシュレディンガー方程式

水素原子は原子核1個と電子1個から構成されており，原子核は $+e$ の電荷(核電荷)を持ち，$-e$ の電荷を持つ電子とで全体として電気的に中性となっている．水素原子の電子が感じるポテンシャルは，クーロンの法則によって

$$V(r) = -\frac{1}{4\pi\varepsilon_0} \cdot \frac{e^2}{r} \tag{3-1}$$

で表される．ここで，ε_0 は**真空の誘電率**(vacuum permittivity)[*2] と呼ばれる定数である．

本書では以下で**原子単位系**(atomic units)を採用する．この単位系では，$\dfrac{1}{4\pi\varepsilon_0}$ や電子の質量 m，電荷 e，プランク定数 $\hbar$ などをすべて1にとるので，式がSI

[*1] オービタルは日本語で軌道関数，あるいは単に軌道と呼ばれることも多いが，英語では古典的な軌道 orbit との誤解を避けるために orbital と呼んでおり，本書でもオービタルと呼ぶことにする．

[*2] これは電磁気学で学ぶように，SI単位系に必要な人工的な値である．真空は誘電体ではない．

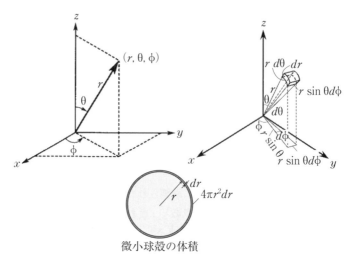

図 3-1　極座標のとり方と極座標での微小体積要素．

単位系の場合に比べて簡単になり，物理的な洞察が容易となる．このとき，長さの単位は a_0 ($=52.92\,\mathrm{pm}$)*3，エネルギーの単位は E_h ($=27.21\,\mathrm{eV}$)*4 となる．また本書では，原子オービタルの波動関数を特別に $\chi(\boldsymbol{r})$ と表すことにする．

　原子単位系では，水素原子に束縛された電子についてのシュレディンガー方程式は，以下で表される．

$$\hat{h}\chi(\boldsymbol{r}) = \left(-\frac{1}{2}\nabla^2 - \frac{1}{r}\right)\chi(\boldsymbol{r}) = \varepsilon\chi(\boldsymbol{r}) \tag{3-2}$$

ここで，ハミルトニアンとエネルギー固有値は，1 つの電子を取り扱うときの慣例により小文字で記した．

　3 次元の球対称問題を解く場合は，古典論でも量子論でも，**図 3-1** のような**極座標**を用いるのが便利である．このとき，デカルト座標と極座標とは，

---

*3　単位をボーアと呼ぶことがある．1 Bohr＝52.92 pm＝0.5292 Å
*4　単位をハートレーと呼ぶことがある．1 Hartree＝27.21 eV．リュードベリという単位を使う場合もある．1 Rydberg＝1/2 Hartree＝13.61 eV である．

3.1 水素原子に束縛された電子についてのシュレディンガー方程式

$$x = r \sin\theta \cos\phi$$
$$y = r \sin\theta \sin\phi$$
$$z = r \cos\theta$$

の関係にある.変数の変域は,$r \geq 0$,$0 \leq \theta \leq \pi$,$0 \leq \phi \leq 2\pi$ である.注意しなければならないのは,積分の際の微小体積要素が,極座標では $d\boldsymbol{r} = r^2 \sin\theta \, dr \, d\theta \, d\phi$ *5 となることである.

球対称の関数 $F(r)$ を積分する場合は,

$$\int F(r) d\boldsymbol{r} = \int_0^\infty \int_0^\pi \int_0^{2\pi} F(r) r^2 \sin\theta \, dr \, d\theta \, d\phi$$
$$= \int_0^\infty F(r) r^2 dr \int_0^\pi \sin\theta \, d\theta \int_0^{2\pi} d\phi = \int_0^\infty F(r) 4\pi r^2 \, dr$$

となるので,半径 r と $r+dr$ の間の微小球殻の体積 $4\pi r^2 dr$ を使って積分するとよい.

微分演算子

$$\nabla^2 = \frac{\partial^2}{\partial x^2} + \frac{\partial^2}{\partial y^2} + \frac{\partial^2}{\partial z^2}$$

を極座標で表示すると,

$$\nabla^2 = \frac{\partial^2}{\partial r^2} + \frac{2}{r}\frac{\partial}{\partial r} + \frac{1}{r^2}\frac{1}{\sin\theta}\frac{\partial}{\partial \theta}\left(\sin\theta \frac{\partial}{\partial \theta}\right) + \frac{1}{r^2}\frac{1}{\sin^2\theta}\frac{\partial^2}{\partial \phi^2} \tag{3-3}$$

となる.この式の導出については,付録2に示す.

式 (3-3) で右辺の初めの2項は r に,後ろの2項は θ,ϕ に依存したもので,後者を**ルジャンドル演算子**(Legendrian)と呼ぶ.

$$\Lambda = \frac{1}{\sin\theta}\frac{\partial}{\partial \theta}\left(\sin\theta \frac{\partial}{\partial \theta}\right) + \frac{1}{\sin^2\theta}\frac{\partial^2}{\partial \phi^2} \tag{3-4}$$

これを使うと,

$$\nabla^2 = \frac{\partial^2}{\partial r^2} + \frac{2}{r}\frac{\partial}{\partial r} + \frac{1}{r^2}\Lambda \tag{3-5}$$

となる.

---

*5 $r^2 \sin\theta$ の項の導出は図 3-1 から理解できる.一般的には変数変換についてのヤコビ行列式から決めることができる.

ルジャンドル演算子は，極座標系の問題でよく用いられるもので，その固有関数は球面調和関数 $Y_{lm}(\theta, \phi)$，固有値は $-l(l+1)$ である．ここで，l は $0, 1, 2, \ldots$ の非負な整数値をとり，m には $-l \leq m \leq l$ という制限がある．

3.2 電子の角運動量の極座標表示

1.7 節で述べた電子の角運動量について，角運動量の 2 乗の演算子 $\hat{l}^2$ を極座標で表記すると，ルジャンドル演算子 Λ を用いて

$$\hat{l}^2 = -\Lambda \tag{3-6}$$

と表すことができる．式の導出は付録 2 に示す．上述のように，ルジャンドル演算子の固有関数と固有値が知られているので，演算子 $\hat{l}^2$ に関する固有方程式は，

$$\hat{l}^2 Y_{lm} = l(l+1) Y_{lm} \tag{3-7}$$

となる．

次に，演算子 $\hat{l}$ の成分についての交換関係は，式(1-31)に見たように，

$$[\hat{l}_x, \hat{l}_y] = i\hbar \hat{l}_z, \quad [\hat{l}_y, \hat{l}_z] = i\hbar \hat{l}_x, \quad [\hat{l}_z, \hat{l}_x] = i\hbar \hat{l}_y$$

である．そして角運動量の 2 乗の演算子と各成分との交換関係は式(1-33)に見たように，

$$[\hat{l}^2, \hat{l}_x] = [\hat{l}^2, \hat{l}_y] = [\hat{l}^2, \hat{l}_z] = 0$$

であり，角運動量の 2 乗の演算子 $\hat{l}^2$ と，角運動量の成分のうち 1 つは同時に確定できる．そのときの固有関数が球面調和関数 $Y_{lm}(\theta, \phi)$ である．

3.3 水素原子についての原子オービタル
(1) 波動関数が球対称であるとき

∇^2 が作用する波動関数が球対称であるとき，角度での偏微分項はすべてゼロになるので，∇^2 は変数 r だけの常微分演算子となり，

$$\nabla^2 = \frac{d^2}{dr^2} + \frac{2}{r} \cdot \frac{d}{dr} \tag{3-8}$$

3.3 水素原子についての原子オービタル

である．シュレディンガー方程式，式(3-2)は

$$\left[-\frac{1}{2}\left(\frac{d^2}{dr^2}+\frac{2}{r}\cdot\frac{d}{dr}\right)-\frac{1}{r}\right]\chi(r)=\varepsilon\chi(r) \tag{3-9}$$

となる．

2階微分方程式に一般的な解法はないので，$r\to\infty$ や $r\to 0$ での極限解をくくり出すという便法で対応する．$r\to\infty$ では，式(3-9)は

$$\left[-\frac{1}{2}\left(\frac{d^2}{dr^2}\right)\right]\chi(r)=\varepsilon\chi(r)$$

となるので，$\varepsilon<0$ のとき $\chi(r)\propto\exp(-\sqrt{-2\varepsilon}r)$ となる．これを1つの解の候補形と考え，$\chi_1(r)=C_1\exp(-ar)$ として式(3-9)に代入すると，

$$-\frac{1}{2}\left(a^2+\frac{2}{r}(-a)\right)-\frac{1}{r}=\varepsilon$$

これは $a=1$ のときに r に依存せずに成り立つことがわかる．また $-\frac{a^2}{2}=\varepsilon$ かつ $a=1$ より $\varepsilon=-\frac{1}{2}$ となる．

例題

規格化因子 C_1 が $\sqrt{\dfrac{1}{\pi}}$ となることを示しなさい．

公式 $\displaystyle\int_0^\infty x^n\exp(-ax)dx=\frac{n!}{a^{n+1}}$ を利用してよい．

解

$$\int|\psi(\boldsymbol{r})|^2 d\boldsymbol{r}=\int(C_1\exp(-r))^2 d\boldsymbol{r}=1$$

微小球殻の体積は $4\pi r^2 dr$ であるので，

$$\int_0^\infty |C_1\exp(-r)|^2 4\pi r^2 dr=4\pi C_1^2\int_0^\infty\exp(-2r)r^2 dr=4\pi C_1^2\frac{2!}{2^3}=\pi C_1^2=1$$

$$C_1=\sqrt{\frac{1}{\pi}}$$

この他にも式(3-9)の解はたくさんあり，例えば $\chi_2(r)=(C_1+C_2 r)\exp(-ar)$ という関数も解であることがわかっている．同様に計算すると，

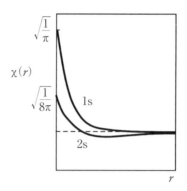

図 3-2 水素原子の 1s および 2s オービタルの動径分布関数.

$$\chi_2(r) = \frac{1}{\sqrt{8\pi}}\left(1 - \frac{r}{2}\right)\exp\left(-\frac{r}{2}\right), \quad \varepsilon = -\frac{1}{8}$$

となる．これらの 2 つの関数を図示すると**図 3-2** のようになる．

　後で述べるように，これらが水素の原子オービタルのうち，1s および 2s オービタルに相当する．容易に推測できるように，3s, 4s, ..., ns と n(**主量子数**)が増すと，エネルギーは増加し，$n-1$ 個の波動関数の節が形成される．節の数が増すとエネルギーが高くなるのは前章で見た井戸型ポテンシャルの中の電子の場合と同様である．

　このように s オービタルは球対称であるため，角度成分を考える必要がなく，解析的に取り扱うことが容易である．

例題

　さきに述べたように，水素原子の 1s オービタルは $\chi_1(r) = \frac{1}{\sqrt{\pi}}\exp(-r)$ で表される．電子の原子核からの平均距離 $\langle r \rangle$ を求めなさい．原子単位系で計算し，あとで SI 単位系に戻すのが便利である．原子単位系での 1 単位長さは 52.92 pm である．公式

$$\int_0^\infty x^n \exp(-ax)\,dx = \frac{n!}{a^{n+1}}$$

を使ってよい．

3.3 水素原子についての原子オービタル

解

極座標での微小球殻の体積 $4\pi r^2\,dr$ を考えると，平均距離 $\langle r \rangle$ は，

$$\langle r \rangle = \int_0^\infty r\,4\pi r^2 \left|\frac{1}{\sqrt{\pi}}\exp(-r)\right|^2 dr = \frac{4\pi}{\pi}\int_0^\infty r^3\exp(-2r)\,dr$$
$$= 4\pi\frac{1}{\pi}\frac{3!}{2^4} = 4\pi\frac{6}{16\pi} = \frac{3}{2}$$

となる．したがって，$\langle r \rangle = \dfrac{3}{2}$ 原子単位 $= 79.38\text{ pm}$ となる．

水素原子に束縛された電子のエネルギーは，原子単位系で

$$\varepsilon_n = -\frac{1}{2n^2} \tag{3-10}$$

となり，n だけで決まる．したがって，水素原子に束縛された電子の 1s オービタルのエネルギーは，$\varepsilon_1 = -\dfrac{1}{2} = -13.61\text{ eV}$ である．

水素原子の発光スペクトルの波長は，n と m を整数として $\left(\dfrac{1}{m^2} - \dfrac{1}{n^2}\right)$ に反比例することは式(3-10)から容易に説明できる．これは**リュードベリの式**(Rydberg formula)と呼ばれ，初期の量子論であるボーア理論の根拠となった．しかしこの式は水素原子あるいは1個だけ電子を持つ水素様原子の場合だけに成り立つものであり，2電子以上を含む原子においては，原子オービタルのエネルギーは n だけでなく l にも依存する．

例題

1個だけの電子を持つ原子とイオンは，すべて上記の水素原子と同様のシュレディンガー方程式の解を持ち，式(3-2)は，

$$\left(-\frac{1}{2}\nabla^2 - \frac{Z}{r}\right)\chi(\boldsymbol{r}) = \varepsilon\chi(\boldsymbol{r})$$

となる．

この H, He^+, Li^{2+}, ..., Ne^{9+} のような**水素様原子**(hydrogen-like atom)では，波動関数は，原子番号(原子核の電荷)を Z とすると，

$$\chi_1(r) = \frac{Z^{3/2}}{\sqrt{\pi}} \exp(-Zr)$$

となり，そのエネルギーは $\varepsilon_1 = -\dfrac{Z^2}{2}$ となる．このとき，電子の原子核からの平均距離 $\langle r \rangle$（半径）と ε_1 の原子番号 Z への依存性を図示し，その意味を論じなさい．

解

$$\langle r \rangle = \int_0^\infty r 4\pi r^2 |\chi_1(r)|^2 dr = 4\pi Z^3 \frac{1}{\pi} \frac{3!}{2^4 Z^4}$$

$$= 4\pi Z^3 \frac{6}{16\pi Z^4} = \frac{3}{2Z}$$

$$\varepsilon_1 = -\frac{Z^2}{2}$$

原子番号 Z の増加とともに，原子核と電子の間の静電的相互作用が強くなり，半径 $\langle r \rangle$ は Z に反比例して減少し，エネルギーは Z^2 に比例して低下する（**図 3-3**）．

図 3-4 には，水素様原子の 1s オービタルが原子番号 Z の増加とともに原子核に局在するようになる（半径が小さくなる）ことを示すために，半径 r と $r + dr$

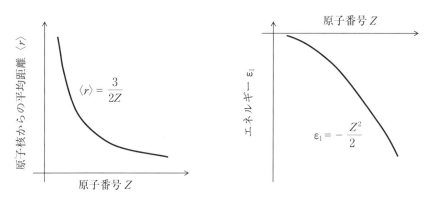

図 3-3 水素様原子の 1s オービタル電子について．原子核からの平均距離 $\langle r \rangle$ とエネルギー ε_1．

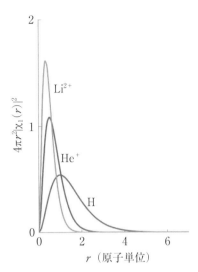

図 3-4 水素様原子の1sオービタル．ここでは図3-6と同様に確率密度関数で表示していることに注意．

の間の微小球殻の中に電子を見出す確率 $4\pi r^2 |\chi_1(r)|^2 dx$ に対応する $4\pi r^2 |\chi_1(r)|^2$ を示す．これを**確率密度関数**と呼ぶ(**図 3-4**)．

（2） 波動関数が球対称でないとき

球対称でない一般的な場合，まず常套手段として動径成分(rに依存する項)と角度成分(θ, ϕに依存する項)に変数分離できると仮定する．このとき角度成分は，先に述べたとおり**球面調和関数**(spherical harmonics) $Y_{lm}(\theta, \phi)$で表される．また，動径部分 $R_{nl}(r)$ については，**ラゲールの多項式**(Laguerre polynomials) L_α と $\rho = \dfrac{2r}{n}$ を用いて，以下のように表される[*6]．

[*6] 式(3-11)の右辺にマイナスが付いているのは，$\rho=0$の近傍で $R_{nl}(r)>0$ になるようにしたためである．

$$R_{nl}(r) = -\left[\left(\frac{2}{n}\right)^3 \frac{(n-l-1)!}{2n\{(n+l)!\}^3}\right]^{\frac{1}{2}} \exp\left(-\frac{\rho}{2}\right)\rho^l L_{n+l}^{2l+1}(\rho) \qquad (3\text{-}11)$$

ここで，$L_{n+l}^{2l+1}(\rho)$ はラゲールの陪多項式と呼ばれる関数で，以下のように表される．

$$L_\alpha^\beta(\rho) = \frac{d^\beta L_\alpha(\rho)}{d\rho^\beta} \quad (\beta = 0, 1, 2, ..., \beta \le \alpha)$$

$$L_\alpha(\rho) = \exp(\rho)\frac{d^\alpha}{d\rho^\alpha}\{\rho^\alpha \exp(-\rho)\} \quad (\alpha = 0, 1, 2, ...) \qquad (3\text{-}12)$$

ここで，$r \to \infty$ で R が発散せずに収束するという物理的制約をあてはめると，$n > 0$ で $0 \le l < n$ ということになる．また球面調和関数では，$-l \le m \le l$ である．$R_{nl}(r)$ の具体的な形は，

$$R_{10}(\rho) = 2e^{-\rho/2}, \quad R_{20}(\rho) = \frac{1}{2\sqrt{2}}(2-\rho)e^{-\rho/2}$$

$$R_{21}(\rho) = \frac{1}{2\sqrt{6}}\rho e^{-\rho/2}, \quad R_{30}(\rho) = \frac{1}{9\sqrt{3}}(6-6\rho+\rho^2)e^{-\rho/2}$$

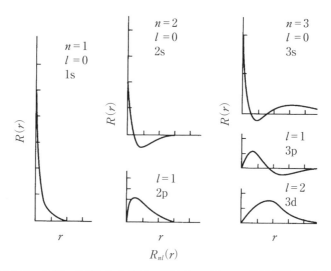

図 3-5 水素に束縛された電子の原子オービタルの動径部分 $R_{nl}(r)$．

$$R_{31}(\rho) = \frac{1}{9\sqrt{6}}(4-\rho)e^{-\rho/2}, \quad R_{32}(\rho) = \frac{1}{9\sqrt{30}}\rho^2 e^{-\rho/2}$$

となり,それを**図 3-5**に示した.

1s, 2s, 3s といった s オービタルの $R(r)$ は原子核位置 ($r=0$) で 0 でない値を持つのに対し,非 s オービタルでは $r=0$ で $R(r)=0$ であること,また $R(r)$ の節の数は $n-l-1$ であり,1s, 2p, 3d, 4f オービタルのように,与えられた

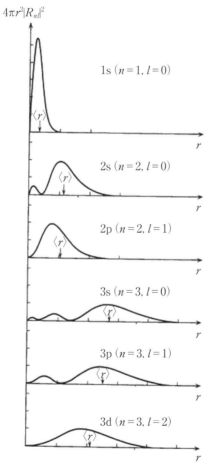

図 3-6 水素に束縛された電子の原子オービタルについての確率密度関数 $4\pi r^2 |R_{nl}|^2$.

主量子数に対して l が最大になるオービタルについては, $R(r)$ の節の数がゼロとなっている.

各オービタルについての確率密度関数 $4\pi r^2|R_{nl}|^2$ を**図 3-6** に示す. この図には, 電子の原子核からの平均距離 $\langle r \rangle$ が示してある. 図 3-4 でも見たように, $\langle r \rangle$ を図解する場合は, $|R_{nl}|^2$ よりも, $4\pi r^2|R_{nl}|^2$ のほうがわかりやすい.

次に s, p, d 関数の角度成分を球面調和関数 $Y_{lm}(\theta, \phi)$ と対応させて, **表 3-1** に示す. 球面調和関数のうち $m \neq 0$ のものは複素関数であるので, $Y_{l,m}$ と $Y_{l,-m}$ の一次結合から実数の関数を作り, 角度部分の関数としている. これら関数の形状を見てみよう.

例えば

$$Y_{1,0} = \sqrt{\frac{3}{4\pi}} \frac{z}{r} = \sqrt{\frac{3}{4\pi}} \cos\theta$$

表 3-1 s, p, d 関数の角度成分と球面調和関数の対応.

	l	m	定義式	具体形
s	0	0	$Y_{0,0}$	$\dfrac{1}{\sqrt{4\pi}}$
p_x	1	± 1	$\dfrac{1}{\sqrt{2}}(Y_{1,1} + Y_{1,-1})$	$\sqrt{\dfrac{3}{4\pi}} \dfrac{x}{r}$
p_y	1	± 1	$\dfrac{1}{\sqrt{2}}(Y_{1,1} - Y_{1,-1})$	$\sqrt{\dfrac{3}{4\pi}} \dfrac{y}{r}$
p_z	1	0	$Y_{1,0}$	$\sqrt{\dfrac{3}{4\pi}} \dfrac{z}{r}$
d_{xy}	2	± 2	$\dfrac{1}{\sqrt{2}}(Y_{2,2} - Y_{2,-2})$	$\sqrt{\dfrac{15}{4\pi}} \dfrac{xy}{r^2}$
d_{yz}	2	± 1	$\dfrac{1}{\sqrt{2}}(Y_{2,1} - Y_{2,-1})$	$\sqrt{\dfrac{15}{4\pi}} \dfrac{yz}{r^2}$
d_{zx}	2	± 1	$\dfrac{1}{\sqrt{2}}(Y_{2,1} + Y_{2,-1})$	$\sqrt{\dfrac{15}{4\pi}} \dfrac{zx}{r^2}$
$d_{x^2-y^2}$	2	± 2	$\dfrac{1}{\sqrt{2}}(Y_{2,2} + Y_{2,-2})$	$\sqrt{\dfrac{15}{16\pi}} \dfrac{1}{r^2}(x^2-y^2)$
d_{z^2}	2	0	$Y_{2,0}$	$\sqrt{\dfrac{5}{16\pi}} \dfrac{1}{r^2}(3z^2-r^2)$

3.3 水素原子についての原子オービタル

の x-z 平面 ($y=0$, $\phi=0$) での等高線図は図 3-7 のようになる．また原点からの距離が $|Y_{1,0}|$ となる面，つまり長さが $|Y_{1,0}|$ のベクトルの先端の軌跡を示すことも多い．これを**極座標図**と呼び図 3-8 に示す．その表し方を図 3-9 に説明する．

$a=\sqrt{\dfrac{3}{4\pi}}$ とおくと $Y_{1,0}=a\cos\theta$ であり，原点からの距離が $r=\pm a\cos\theta$ となる点 P は，$x=\pm a\cos\theta\sin\theta$，$z=\pm a\cos^2\theta$ と表される．したがって点 P の軌跡は

$$x^2 = a^2\cos^2\theta\sin^2\theta = a^2\cos^2\theta(1-\cos^2\theta) = \pm az - z^2$$
$$= -\left(z \mp \frac{a}{2}\right)^2 + \left(\frac{a}{2}\right)^2$$

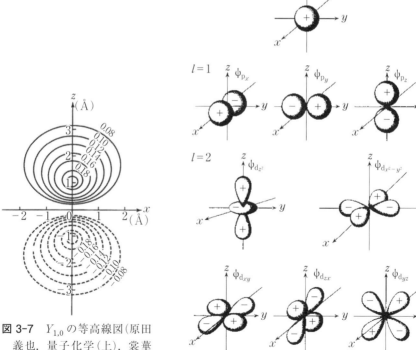

図 3-7　$Y_{1,0}$ の等高線図（原田義也，量子化学（上），裳華房 (2007) より）．

図 3-8　原子オービタルの角度依存性（極座標図）．

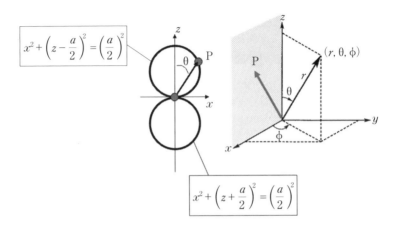

図 3-9 極座標図の説明図.

であり，図 3-9 に示すように，2 つの円で表される．図 3-8 では $l=1$ の p オービタルの形状がそれに相当する．この図には $l=2$ の d オービタルまでの球面調和関数の形状を示す．図 3-8 中に ＋, － と表記があるのは，波動関数の位相が異なっていることを示す．

以上まとめると，水素原子に束縛された電子についてのシュレディンガー方程式についての一般的な解は以下のようになる．

$$\chi_{nlm}(r,\theta,\phi) = R_{nl}(r)\, Y_{lm}(\theta,\phi) \tag{3-13}$$

この $\chi_{nlm}(r,\theta,\phi)$ を原子オービタルと呼び，n, l, m をそれぞれ主量子数 (principal quantum number)，方位量子数 (azimuthal quantum number)，磁気量子数 (magnetic quantum number) と呼ぶ．原子オービタルは，この 3 つの量子数で区別される．それぞれの量子数の組で与えられる原子オービタルを，$1s, 2s, 2p_x, 2p_y, \ldots$ などと呼ぶ．

水素原子に束縛された電子は，基底状態では 1s オービタルに収容される．水素原子の $2s, 2p_x, 2p_y, \ldots$ オービタルは励起状態に相当する．

3.3 水素原子についての原子オービタル

なお 1, 2 などの数字は n を示し, $l = 0, 1, 2, 3, \ldots$ の場合を s, p, d, f, … と表記する. $2\mathrm{p}_x, 2\mathrm{p}_y$ のように同じ n と l を持つものは, m で区別する. n, l, m については, $n > 0$ で $0 \leq l < n$, $-l \leq m \leq l$ という制限がある. したがって, 1p, 2d, 3f というような原子オービタルは存在しない.

ここで整数 $l(0 \leq l < n)$ と $m(-l \leq m \leq l)$ の物理的な意味について考えよう. 3.2 節で見たように, 球面調和関数 $Y_{lm}(\theta, \phi)$ は, ルジャンドル演算子と角運動量の 2 乗の演算子 $\hat{l}^2$ に共通する固有関数であり, 球対称のハミルトニアン $\hat{h}$ と交換関係 $[\hat{h}, \hat{l}^2] = 0$ が成り立ち, $l(l+1)$ が $\hat{l}^2$ の固有値である. つまり, 電子の角運動量の大きさは, $\sqrt{l(l+1)}$ であると考えることができる. 同様に, 角運動量の z 成分に関して, $[\hat{h}, \hat{l}_z] = 0$ の交換関係が成立する. この演算子 $\hat{l}_z$ の固有関数も $\hat{l}^2$ と同じく球面調和関数であり, 固有値が m となる. すなわち

$$\hat{l}_z Y_{lm} = m Y_{lm} \tag{3-14}$$

である. また式 (1-34) に見たように, $[\hat{l}^2, \hat{l}_z] = 0$ である. このことは, **図 3-10** に示すように, エネルギー, 角運動量の 2 乗, 角運動量の z 成分が, 同時に確定値 ε_n, $l(l+1)$, m を持つことを意味している. 水素原子の場合, 各オービタルのエネルギー ε_n は, 主量子数 n だけで決まる. これを含め, 量子数の物理的意味は, 以下のとおりである.

主量子数 n は, 電子のエネルギーの大きさを表す量子数.

方位量子数 l は, 電子のオービタル角運動量の大きさを表す量子数.

磁気量子数 m は, 電子のオービタル角運動量の z 成分の大きさを表す量子数.

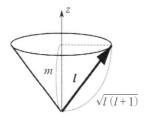

図 3-10 整数 l と m の物理的な意味.

オービタル角運動量(orbital angular momentum)とは，ここまで電子の角運動量と書いてきた量であり，あとで出てくるスピン角運動量と区別するためにオービタルと付けた．ここまで角運動量と表した量を，今後オービタル角運動量と称し，量子数 m を m_l と書くことにする．このオービタル角運動量をベクトル模型で示すと，**図 3-11** のようになる．このように角運動量の方向は空間内で制限されており，その大きさに対応する量子数 l を方位量子数と呼ぶ．

m_l が磁気量子数と呼ばれるのは，外部から磁場を与えたときに，m_l で区別されるオービタルが異なるエネルギーを持つようになり，発光スペクトルを観測すると分裂が見られるからである．水素原子の発光スペクトルでライマン系列と呼ばれるものは，主量子数 $n=2$ の励起状態から $n=1$ の基底状態に遷移する際に放出される紫外光である．外部磁場がないときは，この紫外光は 1 つのエネルギーだけをとるが，外部磁場を与えると**図 3-12** に示すように 3 本の m_l の異なったエネルギーに分裂し，波長の異なったスペクトルとして観測できる．これを**ゼーマン分裂**(Zeeman splitting)と呼ぶ．

> 一般に方位量子数 l の状態は，$m_l=0$ から $\pm l$ までの合計 $2l+1$ 種類の状態が縮退しているが，外部磁場が存在すると，合計 $2l+1$ 種類の状態にゼーマン分裂する．

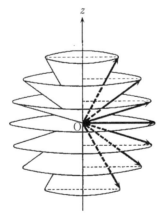

図 3-11 オービタル角運動量のベクトル模型 $l=3$ のときで，$2l+1=7$ 種類の異なる m_l について示す．

3.4 電子のスピンと，それに関わる量子数　　　　41

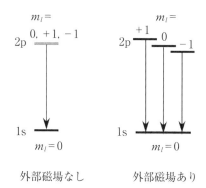

図 3-12　水素原子の発光スペクトルにおけるゼーマン分裂.

3.4 電子のスピンと，それに関わる量子数

　水素原子に束縛された電子についてシュレディンガー方程式を解くと，n, l, m_l の3つの量子数が現れるが，電子にはさらにスピンに関わる第4の量子数があることが知られている．

　この電子のスピンに関わる量子数がシュレディンガー方程式の解として出現しないのには理由がある．実はシュレディンガー方程式というのは，量子論で電子を記述するときに，相対性理論の効果を取り入れないという近似のもとで導いたものだったのである．正確に相対性理論の効果をとり入れると電子の従う方程式は**ディラック方程式**(Dirac equation)というものになり，それを解くと，スピンに関わる量子数は数学的に導かれる．しかしその導出は本書の範囲を越えるので，ここではその存在を天下り式に与えることにする．

　電子のスピンの存在を実験的に示したのは**シュテルン-ゲルラッハによる実験**(Stern-Gerlach experiment)である．彼らは**図 3-13**に示すような不均一磁場中で実験を行った．このような不均一磁場中では，N極側とS極側で磁力線の密度が異なる．この中に小さい磁石を置くと，図に示すようにN極が上の磁石は下向きに動く力を受け，S極が上の磁石は上向きに動く力を受ける．したがって，小さな磁石でN極が上か下かの2種類が混合している場合には，それを不

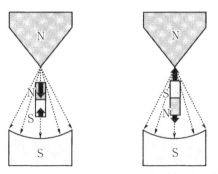

図 3-13 シュテルンとゲルラッハによる実験で用いられた不均一磁場.

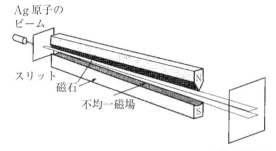

図 3-14 シュテルンとゲルラッハによる実験の模式図.

均一磁場中に置くことで，2つが分離できる．シュテルンとゲルラッハは，この不均一磁場中に Ag 原子のビームを通す実験を行った[*7]．**図 3-14** に示す装置全体を真空中に置き，銀の小片を加熱して Ag 原子を蒸発させ，スリットを通して原子ビームを作成し，不均一磁場中を通したのである．すると原子のビームは2つに分裂した．これは，Ag 原子が磁石と等価な状態にあり，N 極が上か下かの2種類が混合していることを明確に示している．電磁気学によると電荷を持つ粒子が回転運動すると磁気モーメントが生じ，磁石と等価になる．シュテルンとゲルラッハが実験した Ag 原子の場合，価電子としては s オービタルに1個電子が

[*7] 同様の実験結果は，のちに水素など，価電子が1つの多くの原子においても確認された．

3.4 電子のスピンと，それに関わる量子数

あるだけで，$l=0$ であり，これによるオービタル角運動量は生じない．新しい角運動量成分の寄与があると考えなければならない．この新しい成分が**スピン角運動量**(spin angular momentum)であり，その大きさを決める量子数が**スピン量子数**(spin quantum number)である．

スピン角運動量は，オービタル角運動量と同様に定義される．すなわち，スピン角運動量の演算子を $\hat{s}$ と定義し，その 2 乗 $\hat{s}^2$ の固有値を，$s(s+1)$ と定義する．この s がスピン量子数である．またスピン角運動量の z 成分の演算子を $\hat{s}_z$ と定義し，その固有値を m_s と定義する．m_s を**スピン磁気量子数**(spin magnetic quantum number)と呼ぶ．$\hat{s}^2$ と $\hat{s}_z$ は交換可能で，共通の固有関数を持ち同時に確定する．

なおスピン磁気量子数 m_s と区別するために，オービタル角運動量の磁気量子数を前節の途中から m_l と書いている．スピン量子数 s は $\frac{1}{2}$ という半整数値しか存在せず，スピン磁気量子数 m_s は $\pm\frac{1}{2}$ という 2 つの値しかとることができない．したがって磁石としては，2 種類だけが存在することになり，実験で Ag 原子ビームが 2 本だけに分裂したことと，つじつまが合う．スピン角運動量の大きさは $\sqrt{s(s+1)} = \frac{\sqrt{3}}{2}$ である．これを図 3-11 と同様のベクトル模型を用いて**図 3-15** に示す．$m_s = \frac{1}{2}$，$-\frac{1}{2}$ に対応する固有関数を，それぞれスピン関数 $\alpha(\sigma)$

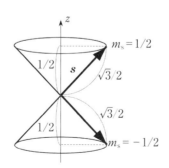

図 3-15 スピン角運動量のベクトル模型．

と $\beta(\sigma)$ で表し,それぞれの表す状態を,**上向きスピン状態**(up spin state),**下向きスピン状態**(down spin state)と呼ぶ.σ はスピン座標と呼ばれ $\pm\frac{1}{2}$ の値をとる.固有方程式は,

$$\hat{s}^2\alpha(\sigma) = \frac{3}{4}\alpha(\sigma), \quad \hat{s}^2\beta(\sigma) = \frac{3}{4}\beta(\sigma)$$

$$\hat{s}_z\alpha(\sigma) = \frac{1}{2}\alpha(\sigma), \quad \hat{s}_z\beta(\sigma) = -\frac{1}{2}\beta(\sigma) \tag{3-15}$$

となる.スピン座標 σ は,電子について,3次元での位置座標に加えて必要となる第4の座標であり,スピン関数は,

$$\alpha\left(\frac{1}{2}\right) = 1, \quad \alpha\left(-\frac{1}{2}\right) = 0, \quad \beta\left(\frac{1}{2}\right) = 0, \quad \beta\left(-\frac{1}{2}\right) = 1$$

であり,直交規格化されている.

スピン量子数 s は,電子のスピン角運動量の大きさを表す量子数であり,s の値は $\frac{1}{2}$ だけである.

スピン磁気量子数 m_s は,電子のスピン角運動量の z 成分の大きさを表す量子数であり,その値は $+\frac{1}{2}$ と $-\frac{1}{2}$ という値しかとらない.それぞれに対応する固有状態を上向きスピン状態,下向きスピン状態と呼ぶ.

例題

スピン関数が直交規格化されていることを示せ.

解

$$\int |\alpha(\sigma)|^2 d\sigma = \left|\alpha\left(\frac{1}{2}\right)\right|^2 + \left|\alpha\left(-\frac{1}{2}\right)\right|^2 = 1 + 0 = 1$$

$$\int |\beta(\sigma)|^2 d\sigma = \left|\beta\left(\frac{1}{2}\right)\right|^2 + \left|\beta\left(-\frac{1}{2}\right)\right|^2 = 0 + 1 = 1$$

$$\int \alpha(\sigma)\beta(\sigma) d\sigma = \alpha\left(\frac{1}{2}\right)\beta\left(\frac{1}{2}\right) + \alpha\left(-\frac{1}{2}\right)\beta\left(-\frac{1}{2}\right) = 1\times 0 + 0\times 1 = 0$$

3.5 2電子原子の電子構造

3.1 から 3.3 節で水素原子に束縛された電子についてのシュレディンガー方程式を解き，その電子構造を調べた．水素原子の場合には，原子核に束縛された電子が1個だけであったのに対し，ヘリウム以降の原子では2個以上の電子を取り扱わなければならない．その結果，水素原子の際には現れなかった**電子間相互作用**の項がシュレディンガー方程式に入ってくる．これは一般に多体問題と呼ばれ，厳密解を求めることは困難である．まず，2つの電子を持つヘリウム原子について述べる．**図 3-16**に示すように，ヘリウム原子の原子核の電荷 Z は +2 であり，2つの電子の原子核からの距離を r_1, r_2 と定義する．また2つの電子間の距離を r_{12} と表すことにする．

1番目，2番目の電子についての一電子ハミルトニアンはそれぞれ

$$\hat{h}_1 = -\frac{1}{2}\nabla_1^2 - \frac{Z}{r_1} \quad \text{および}$$

$$\hat{h}_2 = -\frac{1}{2}\nabla_2^2 - \frac{Z}{r_2} \tag{3-16}$$

と表すことができる．また電子間相互作用の項

$$\hat{h}_{12} = \frac{1}{r_{12}} \tag{3-17}$$

がハミルトニアンに付加される．その結果，孤立したヘリウム原子に束縛されている電子のシュレディンガー方程式は，2電子系のハミルトニアンと波動関数を大文字で表して

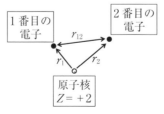

図 3-16 ヘリウム原子．

$$(\hat{h}_1 + \hat{h}_2 + \hat{h}_{12})\Psi(\boldsymbol{r}_1, \boldsymbol{r}_2) = \hat{H}\Psi(\boldsymbol{r}_1, \boldsymbol{r}_2) = E\Psi(\boldsymbol{r}_1, \boldsymbol{r}_2) \tag{3-18}$$

となる．この2電子系のシュレディンガー方程式(3-18)は，電子間相互作用の$\hat{h}_{12}$という項が存在するために厳密解を得ることが困難であり，近似計算を用いる．

まず第一歩として，電子間相互作用が存在しないと近似してみる(**独立電子モデル**(independent electron model))．独立電子モデルでは2電子系のハミルトニアンは，一電子ハミルトニアンの和で表され，

$$\hat{H}(\boldsymbol{r}_1, \boldsymbol{r}_2) = \hat{h}_1 + \hat{h}_2 = \sum_{i=1}^{2}\left(-\frac{1}{2}\nabla_i^2 - \frac{Z}{r_i}\right) \tag{3-19}$$

となる．1番目，2番目の電子は独立であり，それぞれの波動関数$\psi(\boldsymbol{r}_1)$と$\psi(\boldsymbol{r}_2)$は，電子1がa番目の準位ψ_a，電子2がb番目の準位ψ_bを占有するとき，

$$\left(-\frac{1}{2}\nabla_1^2 - \frac{Z}{r_1}\right)\psi_a(\boldsymbol{r}_1) = \varepsilon_a\psi_a(\boldsymbol{r}_1) \quad \text{および}$$

$$\left(-\frac{1}{2}\nabla_2^2 - \frac{Z}{r_2}\right)\psi_b(\boldsymbol{r}_2) = \varepsilon_b\psi_b(\boldsymbol{r}_2) \tag{3-20}$$

を満たす．2電子系の波動関数の最も簡単な近似形は，それぞれの電子の波動関数の積

$$\Psi(\boldsymbol{r}_1, \boldsymbol{r}_2) = \psi_a(\boldsymbol{r}_1) \cdot \psi_b(\boldsymbol{r}_2) \tag{3-21}$$

で与えられ，2電子系の**全エネルギー**(total energy)は，一電子系のエネルギー固有値(**一電子エネルギー**(one electron energy))の和

$$E = \varepsilon_a + \varepsilon_b \tag{3-22}$$

となる．もちろん実際の2電子系では電子間相互作用が働くので，独立電子モデルは正しくない．

この電子間相互作用をとり入れたうえで，個別の電子に注目し，その電子と自分以外の電子との静電相互作用を，注目している電子が自分以外の電子によって作られる平均的な静電ポテンシャルを感じていると近似してみよう．これを**一電子近似**(one-electron approximation)あるいは**平均場近似**(mean field approximation)と呼ぶ．自分以外の電子が作る電子密度(電子雲)の中を，注目している電

3.5 2電子原子の電子構造

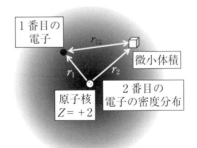

図 3-17 平均場近似に基づくヘリウム原子の描像.

子が運動していると考えるのである(**図 3-17**).

まず最も単純に2電子系の波動関数を独立電子モデルのときのように,一電子波動関数の積(3-21)と近似してみる(**ハートレー法**(Hartree method)).この式(3-21)をハートレー積と呼ぶ.

1番目の電子の密度を $\rho_a(\boldsymbol{r}_1)$,位置 $\boldsymbol{r}_1$ にいる1番目の電子から r_{12} だけ離れた $\boldsymbol{r}_2$ の位置での2番目の電子の密度を $\rho_b(\boldsymbol{r}_2)$ とすると,電子間相互作用の項は,

$$J_{ab} = \iint \frac{\rho_a(\boldsymbol{r}_1)\rho_b(\boldsymbol{r}_2)}{r_{12}} d\boldsymbol{r}_1 d\boldsymbol{r}_2 \tag{3-23}$$

となる.そして解くべき一電子シュレディンガー方程式は1番目の電子について

$$\left(-\frac{1}{2}\nabla_1^2 - \frac{Z}{r_1} + \int \frac{\rho_b(\boldsymbol{r}_2)}{r_{12}} d\boldsymbol{r}_2\right)\psi_a(\boldsymbol{r}_1) = \varepsilon_a \psi_a(\boldsymbol{r}_1) \tag{3-24}$$

2番目の電子について

$$\left(-\frac{1}{2}\nabla_2^2 - \frac{Z}{r_2} + \int \frac{\rho_a(\boldsymbol{r}_1)}{r_{12}} d\boldsymbol{r}_1\right)\psi_b(\boldsymbol{r}_2) = \varepsilon_b \psi_b(\boldsymbol{r}_2) \tag{3-25}$$

となる.これらの式は,式(3-20)と類似の一電子方程式のように思われる.しかし,式(3-24)で1番目の電子についての解を求めるためには,2番目の電子の電子密度あるいは波動関数を知っておく必要がある.しかし,その2番目の電子の波動関数を知るためには,式(3-25)で2番目の電子についての解が必要であり,そのためには,1番目の電子の電子密度あるいは波動関数を知っておく必要がある.この問題を解くために用いる方法が,**セルフコンシステント法**(自己無撞着

法,あるいは **SCF 法**(self-consistent field))である.セルフコンシステント法では,まず**試行関数**(trial function)の組を仮定し,それから一電子シュレディンガー方程式を解く.得られた解が,初期値と異なっていれば,得られた解を参照して試行関数を少し変え,再度一電子シュレディンガー方程式を解く.このようにして得られた解が,試行関数と許容誤差範囲内で一致する(つじつまが合う場＝セルフコンシステント場になる)まで試行関数を更新して計算を続けるのである.

ハートレー法でのヘリウム原子の2電子分の全エネルギーは,式(3-18)に示した2電子系のハミルトニアン $\hat{H} = \hat{h}_1 + \hat{h}_2 + \hat{h}_{12}$ について,2電子の波動関数 $\Psi(\bm{r}_1, \bm{r}_2) = \psi_a(\bm{r}_1) \cdot \psi_b(\bm{r}_2)$ を用いて期待値,

$$\langle \hat{H} \rangle = \langle \hat{h}_1 \rangle + \langle \hat{h}_2 \rangle + \langle \hat{h}_{12} \rangle$$

を求めればよい.

$\langle \hat{h}_{12} \rangle = J_{ab}$ であるから,全エネルギー E は,

$$E = \langle \hat{h}_1 \rangle + \langle \hat{h}_2 \rangle + J_{ab} \tag{3-26}$$

である.これに対し式(3-24)および式(3-25)の一電子方程式から求められるエネルギー固有値 ε_a および ε_b は,

$$\varepsilon_a = \langle \hat{h}_1 \rangle + J_{ab}, \quad \varepsilon_b = \langle \hat{h}_2 \rangle + J_{ba} \tag{3-27}$$

であり,

$$\varepsilon_a + \varepsilon_b = \langle \hat{h}_1 \rangle + \langle \hat{h}_2 \rangle + J_{ab} + J_{ba} \tag{3-28}$$

となる.すなわち,全エネルギー E は,一電子方程式の固有値の和 $\varepsilon_a + \varepsilon_b$ と比べて,

$$E = \varepsilon_a + \varepsilon_b - \frac{1}{2}(J_{ab} + J_{ba}) \tag{3-29}$$

となる.ここで $J_{ab} = J_{ba}$ である.式(3-29)より,一電子方程式の固有値の和は,独立電子モデルのときのように全エネルギーに等しいわけではなく,電子間相互作用の項だけ過剰に評価している.

3.5　2電子原子の電子構造

次に，多電子の問題を扱うときに忘れてはならない，重要な規則を説明しよう．それは，電子の波動関数が座標の交換に対して符号が逆転する（反対称である）性質を持つことである．すなわち

$$\Psi(\boldsymbol{r}_1, \boldsymbol{r}_2) = -\Psi(\boldsymbol{r}_2, \boldsymbol{r}_1) \tag{3-30}$$

このような粒子を**フェルミ粒子**（Fermion）[*8]と呼ぶ．それに対応して，以下の**パウリの原理**（**排他原理**，**禁制律**）（Pauli exclusion principle）が成り立つ．

パウリの原理
1つの波動関数で表される電子の状態に，2つ以上の電子を収容することはできない．原子に束縛された電子の場合は，主量子数 n，方位量子数 l，オービタル磁気量子数 m_l，スピン磁気量子数 m_s によって1つの状態（波動関数）が定義される．この1つの状態に2つ以上の電子を収容することはできない．

3.3節で述べたように，水素原子に束縛された1個の電子は，基底状態で $n=1$，$l=0$，$m_l=0$ である1sオービタルに収容される．ヘリウム原子には，2個の電子が束縛されている．この2個の電子は，いずれも1sオービタルに収容されるが，スピン磁気量子数 m_s の異なる2つの状態（上向きスピンと下向きスピン）にそれぞれ1個ずつ電子が収容される．水素原子の1sオービタルは，スピンに関わる量子数を考える前には，$\chi_{100}(\boldsymbol{r})$ あるいは $\chi_{1s}(\boldsymbol{r})$ と位置座標の関数として表記していた．この1sオービタルについて上向きスピンと下向きスピンを区別するために，スピン関数 $\alpha(\sigma)$ と $\beta(\sigma)$ を掛けて $\chi_{1s}(\boldsymbol{r})\alpha(\sigma)$ と $\chi_{1s}(\boldsymbol{r})\beta(\sigma)$ と表記する．これらの波動関数で表される状態には，2つ以上の電子を収容することはできない．

SCF法による多電子系の解法は，まずハートレーによって考案された．しかし，式(3-21)のハートレー積で表される多電子系の波動関数は，電子の交換に対して反対称ではなく，パウリの原理に従わない．この問題は，スレーターがハー

[*8]　一方，対称な波動関数になるものを**ボーズ粒子**（Boson）と呼ぶ．光子（フォトン）などがそれに対応する．ボーズ粒子では，1つの状態に多数の粒子を収容することができる．フェルミ粒子は，フェルミ-ディラック統計に，ボーズ粒子は，ボーズ-アインシュタイン統計に従う．

トレー積を以下のような行列式に置き換えることで解決した．式(3-31)を，**スレーター行列式**(Slater determinant)と呼ぶ．

$$\Psi(\boldsymbol{r}_1, \boldsymbol{r}_2) = \frac{1}{\sqrt{2!}} \begin{vmatrix} \phi_a(\boldsymbol{r}_1) & \phi_b(\boldsymbol{r}_1) \\ \phi_a(\boldsymbol{r}_2) & \phi_b(\boldsymbol{r}_2) \end{vmatrix} \tag{3-31}$$

式(3-31)を展開すると，

$$\begin{aligned}\Psi(\boldsymbol{r}_1, \boldsymbol{r}_2) &= \frac{1}{\sqrt{2!}} (\phi_a(\boldsymbol{r}_1)\phi_b(\boldsymbol{r}_2) - \phi_a(\boldsymbol{r}_2)\phi_b(\boldsymbol{r}_1)) \\ &= -\frac{1}{\sqrt{2!}} (\phi_a(\boldsymbol{r}_2)\phi_b(\boldsymbol{r}_1) - \phi_a(\boldsymbol{r}_1)\phi_b(\boldsymbol{r}_2)) \\ &= -\Psi(\boldsymbol{r}_2, \boldsymbol{r}_1)\end{aligned}$$

と反対称になっていることがわかる．スレーター行列式を使ったSCF法のことを**ハートレー-フォック法**(Hartree-Fock method)と呼ぶ．もしパウリの原理に反して，$\boldsymbol{r}_1$と$\boldsymbol{r}_2$で示される2個の電子が全く同じ状態に収容される，すなわち同じ波動関数ϕ_aで表されるとした場合，スレーター行列式は

$$\Psi(\boldsymbol{r}_1, \boldsymbol{r}_2) = \frac{1}{\sqrt{2!}} (\phi_a(\boldsymbol{r}_1)\phi_a(\boldsymbol{r}_2) - \phi_a(\boldsymbol{r}_2)\phi_a(\boldsymbol{r}_1)) = 0$$

となる．波動関数の値がゼロになるというのは物理的意味がないので，そのような波動関数はとり得ない．すなわち，パウリの原理に反する状態はとり得ないということになる．1sオービタルについては，$\phi_a(\boldsymbol{r}, \sigma) = \chi_{1s}(\boldsymbol{r})\alpha(\sigma)$と$\phi_b(\boldsymbol{r}, \sigma) = \chi_{1s}(\boldsymbol{r})\beta(\sigma)$というように，異なる波動関数で表される2つの状態があり，上向きスピンと下向きスピンにそれぞれ1個ずつ電子が収容できる．

なお，ハートレー-フォック法での全エネルギーも，ハートレー法のときと同様に，一電子方程式の固有値の和と等しくならない．

3.6 電子雲による遮蔽効果

電子間相互作用を直感的に理解するために，有効核電荷モデルというものが用いられることがある．**図3-18**に示すように，ヘリウム原子の2つの電子のうち，1つだけを電子雲として分布していると取り扱う．この電子雲の半径が原子核の大きさ程度であれば，他の電子から見た核電荷は+1になり，実質的に水

3.6 電子雲による遮蔽効果

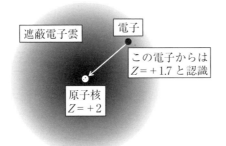

図 3-18 ヘリウム原子核についての有効核電荷モデル．

素原子と同じになる．実際には電子が原子核と一体になるのは不自然で，1つの電子がもう一方の電子よりも原子核側に存在する確率は1よりも小さいが，0よりはずっと大きい無視できない値になる．このように，他の電子が自分よりも原子核側に存在することによって原子核からのクーロン引力が弱められる効果を，**遮蔽効果**または**スクリーニング効果**(screening effect)と呼ぶ．遮蔽効果によって，原子核の電荷が見かけ上 Z よりも小さくなる．このモデルでの見かけの核電荷のことを有効核電荷と呼ぶ．ヘリウム原子について有効核電荷を評価すると，1.7 程度となり，電子 0.3 個分の遮蔽効果が電子間相互作用の結果として生じている．

水素原子の 1s オービタルのエネルギーは，式(3-10)より，$-1/2$ 原子単位 ($=-13.6\,\mathrm{eV}$) であった．また，3.3 節の例題に示したように，原子番号 $Z=2$ の水素様原子である He^+ イオンの 1s オービタルのエネルギーは，$-Z^2/2=-2^2/2=-2$ 原子単位 ($=-54.4\,\mathrm{eV}$) となる．これに対し，He 原子に含まれるそれぞれの電子の 1s オービタルのエネルギーは，$-1.7^2/2=1.45$ 原子単位 ($=-39.4\,\mathrm{eV}$) となる．同じヘリウム原子に束縛された電子でも，中性の場合と 1 価のイオンの場合では，1s オービタルのエネルギーが異なる．これは電子間相互作用の結果である．

例題

ヘリウム原子から2つの電子を取り除くのに必要なエネルギーは，上で述べたように 78.8 eV であり，電子1個あたり 39.4 eV である．実際のイオン化は次の2段階を経る．

$$\text{He} \longrightarrow \text{He}^+ + \text{e}^- \qquad 第1イオン化エネルギー$$
$$\text{He}^+ \longrightarrow \text{He}^{2+} + \text{e}^- \qquad 第2イオン化エネルギー$$

この2段階のイオン化エネルギーは，どちらが大きいか，またそれはなぜか？

解

電子を取り除くとは，原子核に束縛されている電子を無限遠に置くことを意味する．この無限遠にいる電子のエネルギーを基準にすると，中性の He 原子と He$^+$ イオンの 1s オービタルに束縛された電子のエネルギーは，上記のように，それぞれ $-78.8\,\text{eV}$，$-54.4\,\text{eV}$ となる．よって第1イオン化エネルギーは，$(-54.4\,\text{eV}) - (-78.8\,\text{eV}) = 24.4\,\text{eV}$，第2イオン化エネルギーは $(0) - (-54.4\,\text{eV}) = 54.4\,\text{eV}$ である．つまり第1イオン化エネルギーの方が第2イオン化エネルギーよりも小さい．

これは，He 原子核と電子との引力的相互作用(あるいは，原子核への束縛エネルギー)が，電子1個分の遮蔽電子雲のおかげで，弱まっているためである．He$^+$ イオンから電子を1個取り除くときには，原子核と電子との引力的相互作用は，もっと強い．

3.7 一般の原子の電子構造と周期表

水素以外の一般的な原子に束縛された電子についてのシュレディンガー方程式の解は以下のとおりである．

> 孤立した原子のシュレディンガー方程式の解は，水素様原子の場合と同様に原子オービタル，$1\text{s}, 2\text{s}, 2\text{p}_x, 2\text{p}_y, \ldots$ で表される．水素様原子では同じ主量子数 n をとる原子オービタルが同じエネルギーであったのに対し，多電子原子では，方位量子数 l が大きいオービタルのほうが，エネルギーが高くなる．例えば，エネルギーの順序は $n=3$ のときには，$3\text{s} < 3\text{p} < 3\text{d}$ となる．

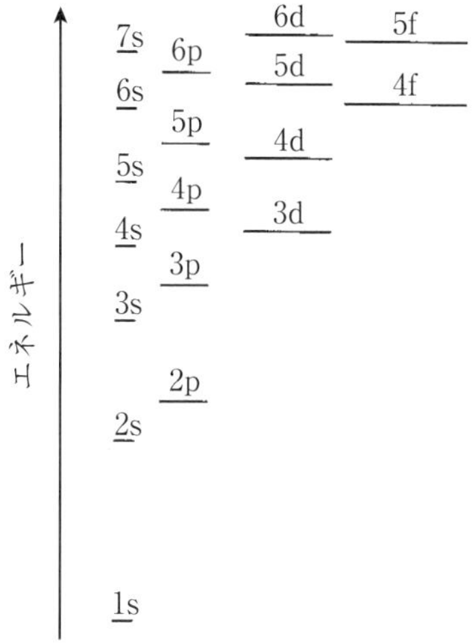

3.7 一般の原子の電子構造と周期表

図 3-19 水素以外の原子について，原子オービタルのエネルギー順序の模式図．横棒の長さは収容可能な電子数を示す．

多電子原子では，方位量子数によってエネルギーが変わる．水素様原子では電子間相互作用がないため，例外的に方位量子数に依存しないのである．

孤立原子の基底状態での電子構造は，このように原子オービタルにエネルギーの低いものから順にパウリの原理に従って電子を収容していくことで決められる．これを**構成原理**(**アウフバウプリンシプル** aufbau principle)と呼ぶ．オービタルのエネルギーの順序は，**図 3-19** に示すように，必ずしも n が小さいものが低エネルギーとなるわけではない．おおむね，**図 3-20** に示すような順序に従う[*9]．

図 3-21 に示すような元素の周期表では，まず主量子数 n だけが異なり，電子配置が同一になるものが縦に並ぶように作る．$n=1$ のときには，方位量子数 l

---

[*9] この電子の収容順序は，図 3-20 にあるように，孤立原子についても遷移金属における 3d と 4s のように逆転する場合がある．第 6 章で見るように，原子が凝集した分子や固体においては，原子オービタルに相当するエネルギー準位は幅を持つようになる．そういう場合には，エネルギー的に近接する原子オービタルのどちらに先に収容されるかという順序は，内殻電子以外はあまり重要ではない．

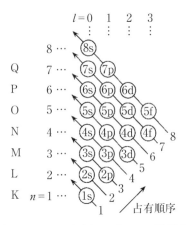

図 3-20 水素以外の原子について,原子オービタルに電子が収容される順序(構成原理).

のとり得る範囲は $l=0$ のみだから,1s オービタルのみである.したがってパウリの原理より,$n=1$ の場合,スピン磁気量子数 m_s の異なる 2 つの状態だけをとり得る.つまり,第 1 周期は $(1s)^1$ と $(1s)^2$ の 2 種類の元素からなる.$n=2$ のときには,$l=0$,$l=1$ があり得るので,2s と 2p が存在する.それぞれにおいて,$2l+1$ 種類のオービタル磁気量子数 m_l をとり得るので,1 つの 2s オービタルと 3 つの 2p オービタルがある.スピン磁気量子数 m_s を考えると,合計 $(1+3)×2=8$ 種類の元素となる.

第 3 周期は,同じ論理で考えると,3d オービタルに,10 電子まで収容できるので,3s から 3d までを考えると 18 元素ということになる.しかし構成原理により,3d と 4s オービタルでは,n の大きい 4s が先に電子を収容する.そこで,第 3 周期に $n=3$ の 18 元素を書くのではなく,第 2 周期と同じく 3s と 3p に電子を収容する 10 元素のみを示すこととし,第 4 周期に 3d,4s,4p で電子配置が表される 18 元素を示している.

このように孤立原子の電子構造は,シュレディンガー方程式を解くことによって得られたものであり,例えば Ti については $(1s)^2(2s)^2(2p)^6(3s)^2(3p)^6(3d)^2(4s)^2$ と記述するほか,閉殻となったオービタルを除外して,図 3-21 のように外

H^{1} $1s$																	He^{2} $1s^{2}$
Li^{3} $2s$	Be^{4} $2s^{2}$											B^{5} $2s^{2}2p$	C^{6} $2s^{2}2p^{2}$	N^{7} $2s^{2}2p^{3}$	O^{8} $2s^{2}2p^{4}$	F^{9} $2s^{2}2p^{5}$	Ne^{10} $2s^{2}2p^{6}$
Na^{11} $3s$	Mg^{12} $3s^{2}$											Al^{13} $3s^{2}3p$	Si^{14} $3s^{2}3p^{2}$	P^{15} $3s^{2}3p^{3}$	S^{16} $3s^{2}3p^{4}$	Cl^{17} $3s^{2}3p^{5}$	Ar^{18} $3s^{2}3p^{6}$
K^{19} $4s$	Ca^{20} $4s^{2}$	Sc^{21} $3d$ $4s^{2}$	Ti^{22} $3d^{2}$ $4s^{2}$	V^{23} $3d^{3}$ $4s^{2}$	Cr^{24} $3d^{5}$ $4s$	Mn^{25} $3d^{5}$ $4s^{2}$	Fe^{26} $3d^{6}$ $4s^{2}$	Co^{27} $3d^{7}$ $4s^{2}$	Ni^{28} $3d^{8}$ $4s^{2}$	Cu^{29} $3d^{10}$ $4s$	Zn^{30} $3d^{10}$ $4s^{2}$	Ga^{31} $4s^{2}4p$	Ge^{32} $4s^{2}4p^{2}$	As^{33} $4s^{2}4p^{3}$	Se^{34} $4s^{2}4p^{4}$	Br^{35} $4s^{2}4p^{5}$	Kr^{36} $4s^{2}4p^{6}$
Rb^{37} $5s$	Sr^{38} $5s^{2}$	Y^{39} $4d$ $5s^{2}$	Zr^{40} $4d^{2}$ $5s^{2}$	Nb^{41} $4d^{4}$ $5s$	Mo^{42} $4d^{5}$ $5s$	Tc^{43} $4d^{5}$ $5s^{2}$	Ru^{44} $4d^{7}$ $5s$	Rh^{45} $4d^{8}$ $5s$	Pd^{46} $4d^{10}$	Ag^{47} $4d^{10}$ $5s$	Cd^{48} $4d^{10}$ $5s^{2}$	In^{49} $5s^{2}5p$	Sn^{50} $5s^{2}5p^{2}$	Sb^{51} $5s^{2}5p^{3}$	Te^{52} $5s^{2}5p^{4}$	I^{53} $5s^{2}5p^{5}$	Xe^{54} $5s^{2}5p^{6}$
Cs^{55} $6s$	Ba^{56} $6s^{2}$	★	Hf^{72} $5d^{2}$ $6s^{2}$	Ta^{73} $5d^{3}$ $6s^{2}$	W^{74} $5d^{4}$ $6s^{2}$	Re^{75} $5d^{5}$ $6s^{2}$	Os^{76} $5d^{6}$ $6s^{2}$	Ir^{77} $5d^{7}$ $6s^{2}$	Pt^{78} $5d^{9}$ $6s$	Au^{79} $5d^{10}$ $6s$	Hg^{80} $5d^{10}$ $6s^{2}$	Tl^{81} $6s^{2}6p$	Pb^{82} $6s^{2}6p^{2}$	Bi^{83} $6s^{2}6p^{3}$	Po^{84} $6s^{2}6p^{4}$	At^{85} $6s^{2}6p^{5}$	Rn^{86} $6s^{2}6p^{6}$
Fr^{87} $7s$	Ra^{88} $7s^{2}$	☆	Rf^{104} $6d^{2}$ $7s^{2}$	Db^{105} $6d^{3}$ $7s^{2}$	Sg^{106} $6d^{4}$ $7s^{2}$	Bh^{107} $6d^{5}$ $7s^{2}$	Hs^{108} $6d^{6}$ $7s^{2}$	Mt^{109} $6d^{7}$ $7s^{2}$	Ds^{110} $6d^{8}$ $7s^{2}$	Rg^{111} $6d^{9}$ $7s^{2}$	Cn^{112} $6d^{10}$ $7s^{2}$	Nh^{113} $7s^{2}7p$	Fl^{114} $7s^{2}7p^{2}$	Mc^{115} $7s^{2}7p^{3}$	Lv^{116} $7s^{2}7p^{4}$	Ts^{117} $7s^{2}7p^{5}$	Og^{118} $7s^{2}7p^{6}$

★ランタノイド系列	La^{57} $5d$ $6s^{2}$	Ce^{58} $4f$ $5d$ $6s^{2}$	Pr^{59} $4f^{3}$ $6s^{2}$	Nd^{60} $4f^{4}$ $6s^{2}$	Pm^{61} $4f^{5}$ $6s^{2}$	Sm^{62} $4f^{6}$ $6s^{2}$	Eu^{63} $4f^{7}$ $6s^{2}$	Gd^{64} $4f^{7}$ $5d$ $6s^{2}$	Tb^{65} $4f^{9}$ $6s^{2}$	Dy^{66} $4f^{10}$ $6s^{2}$	Ho^{67} $4f^{11}$ $6s^{2}$	Er^{68} $4f^{12}$ $6s^{2}$	Tm^{69} $4f^{13}$ $6s^{2}$	Yb^{70} $4f^{14}$ $6s^{2}$	Lu^{71} $4f^{14}$ $5d$ $6s^{2}$
☆アクチノイド系列	Ac^{89} $6d$ $7s^{2}$	Th^{90} – $6d^{2}$ $7s^{2}$	Pa^{91} $5f^{2}$ $6d$ $7s^{2}$	U^{92} $5f^{3}$ $6d$ $7s^{2}$	Np^{93} $5f^{4}$ $6d$ $7s^{2}$	Pu^{94} $5f^{6}$ $7s^{2}$	Am^{95} $5f^{7}$ $7s^{2}$	Cm^{96} $5f^{7}$ $6d$ $7s^{2}$	Bk^{97} $5f^{9}$ $7s^{2}$	Cf^{98} $5f^{10}$ $7s^{2}$	Es^{99} $5f^{11}$ $7s^{2}$	Fm^{100} $5f^{12}$ $7s^{2}$	Md^{101} $5f^{13}$ $7s^{2}$	No^{102} $5f^{14}$ $7s^{2}$	Lr^{103} $5f^{14}$ $7s^{2}7p$

図 3-21　元素の周期表と中性原子についての基底状態の外殻電子配置.

殻電子配置だけを示すことも多い．Ti については，[Ar]$(3d)^2(4s)^2$ あるいは $(3d)^2(4s)^2$ となる．

　元素の周期表は，当初メンデレーエフが化学的に類似性のある元素を並べることで提案したものである．その後，量子力学によって，その数学的な根拠が明らかとなった．物質科学・材料科学においては，周期表に現れる 100 種あまりの元素の周期的な性質を利用することが多い．**図 3-22** には，各元素の最外殻にある原子オービタルの半径の期待値 $\langle r \rangle$ を，計算によって求めた結果を示す[*10]．H については，3.3 節で述べたように，$0.794 \text{Å} = 79.4$ pm である．周期表において，同じ周期であれば右に行くに従って（原子番号の増加に伴って），一般に半径は小さくなる．これは，3.3 節で水素様原子について記述したように，原子核の電荷が増えることで，原子核と電子の間の静電的相互作用が強くなるために収縮すると説明できる．一方で，周期表で右端の希ガス元素から左端のアルカリ金属元素に移ると，原子番号が 1 だけ増加するときに，半径が大きく増加する．これは，主量子数が 1 つ増えた原子オービタルに，電子が収容されるようになるためである．

　図 3-23 には，原子の**第一イオン化エネルギー**(first ionization energy)の実験値を示す．第 1 イオン化エネルギーは，中性の原子 A から電子を 1 つ取り去って A^+ イオンにするために必要なエネルギーである．同じ周期では，周期表で右の方がイオン化エネルギーが大きくなる．これは半径の場合と同様に，原子核と電子の間の静電的相互作用が強くなるためである．また周期表で右端の希ガス元素から左端のアルカリ金属元素に移って，原子番号が 1 だけ増加するときに，イオン化エネルギーは大きく減少する．これも半径の場合と同様であり，これは，主量子数が 1 つ増えた原子オービタルに電子が収容されるようになるためである．

　図 3-24 には，原子の**電子親和力**(electron affinity)の実験値を示す．電子親和力は，中性の原子 A に電子を 1 つ加えて A^- イオンにするときに放出されるエ

[*10] この最外殻原子オービタルの半径は原子半径に近いものであるが，イオン半径とは大きく異なる．これは，イオンと中性原子では，最外殻原子オービタルが異なるためである．

3.7 一般の原子の電子構造と周期表

族\周期	1	2	3	4	5	6	7	8	9	10	11	12	13	14	15	16	17	18
1	H 0.794																	He 0.491
2	Li 2.050	Be 1.402											B 1.167	C 0.907	N 0.746	O 0.652	F 0.574	Ne 0.511
3	Na 2.227	Mg 1.721											Al 1.817	Si 1.456	P 1.229	S 1.090	Cl 0.975	Ar 0.880
4	K 2.775	Ca 2.232	Sc 2.095	Ti 2.000	V 1.919	Cr 1.945	Mn 1.790	Fe 1.724	Co 1.669	Ni 1.619	Cu 1.763	Zn 1.533	Ga 1.812	Ge 1.517	As 1.329	Se 1.217	Br 1.117	Kr 1.033
5	Rb 2.980	Sr 2.452	Y 2.275	Zr 2.165	Nb 2.109	Mo 2.033	Tc 1.950	Ru 1.977	Rh 1.959	Pd 0.811	Ag 1.935	Cd 1.713	In 1.999	Sn 1.719	Sb 1.535	Te 1.424	I 1.324	Xe 1.237

図 3-22 各元素の最外殻原子オービタルの半径 $\langle r \rangle$. 単位 Å (原田義也 (量子化学 (上), 裳華房 (2007) より).

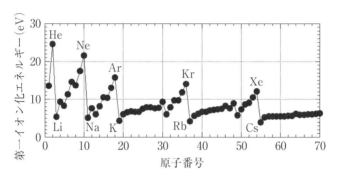

図 3-23　各元素の第一イオン化エネルギー．

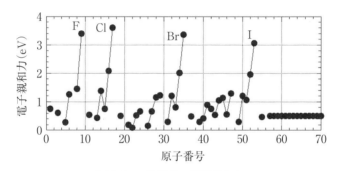

図 3-24　各元素の電子親和力．

ネルギーである．同じ周期では，周期表で右のほうがイオン化エネルギーと同様に電子親和力も大きくなることがわかる．しかし電子親和力が極大を示すのは希ガス元素の1つ前のハロゲン元素であり，希ガス元素ほか陰イオンが生じないものは，負の値となる．

　化合物を構成する元素の原子が，電子を引き付ける力の度合を，元素の**電気陰性度**(electronegativity)と呼ぶ．電気陰性度の高い元素ほど電子を引き付けやすい(電気的陰性)のに対し，低い元素は電子を失いやすい(電気的陽性)．電気陰性度は実験結果から一意的に求められるものではなく，様々な定義がなされている．マリケンの電気陰性度は，イオン化エネルギーと電子親和力の平均値であ

3.7 一般の原子の電子構造と周期表

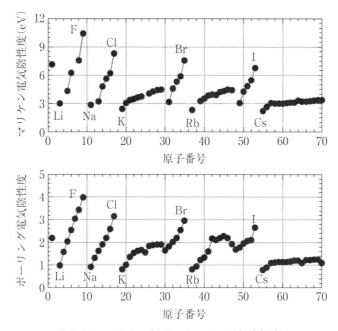

図 3-25 マリケンとポーリングの電気陰性度.

る．図 3-25(上)は，図 3-23 と図 3-24 の結果からマリケンの電気陰性度を求めたものを示す．一方でポーリングの電気陰性度は化学結合エネルギーの実験結果をもとに算出したものであり，その値を図 3-25(下)に示す．2 種類の電気陰性度の原子番号への依存性は，よく似ていることがわかる．電気陰性度が最大の元素は F であり，他のハロゲン元素も同様に高く陰イオンになりやすい．一方で，周期表の左下に位置する元素ほど電気陰性度が小さくなり，電子を失って陽イオンになりやすい．

第4章

分子の電子構造—分子オービタル法

　第3章では孤立原子の電子構造を議論した．本章では原子が複数個集まった分子のときの電子構造を議論する．多電子原子についてのシュレディンガー方程式を解いたときと同様に，一電子近似を用いる．原子の場合と違うのは，分子では原子核の数が複数になり，ポテンシャルの中心が複数になることである．まず，近似解を求めるための**変分法**(variational method)を学んだ上で，分子の問題に入っていこう．

4.1　変分原理

　与えられたハミルトニアン $\hat{H}$ についてのエネルギー固有値をエネルギーの低い順に $E_1^0 \leq E_2^0 \leq E_3^0 \cdots$，対応する固有関数を $\psi_i^0 (i=1,2,3,...)$ とすると，$\hat{H}\psi_i^0 = E_i^0 \psi_i^0$ となる．一方で，任意の波動関数 $\tilde{\psi}$ を用いると[*1]，第1章で見たようにエネルギーの期待値 E は，次式(4-1)で与えられる．

$$E = \frac{\int \tilde{\psi}^*(\boldsymbol{r})\hat{H}\tilde{\psi}(\boldsymbol{r})d\boldsymbol{r}}{\int \tilde{\psi}^*(\boldsymbol{r})\tilde{\psi}(\boldsymbol{r})d\boldsymbol{r}} \tag{4-1}$$

このエネルギー期待値 E は，常に

$$E \geq E_1^0 \tag{4-2}$$

を満足し，等号が成り立つのは $\tilde{\psi} = \psi_1^0$ の場合だけである．言い換えると，波動関数 $\tilde{\psi}$ がハミルトニアン $\hat{H}$ についての基底状態のエネルギー固有値 E_1^0 に対応する ψ_1^0 と一致する場合のみ，エネルギー期待値 E が基底状態のエネルギー固有値 E_1^0 と一致する．それ以外のときは，常に E は E_1^0 よりも大きい値となる．これを**変分原理**(variational principle)と呼ぶ．

[*1]　$\tilde{\psi}$ はプサイチルダと読む．

例題

式(4-2)が成り立つことを，規格化された波動関数 $\tilde{\phi}$ について示しなさい．その際に，波動関数 $\tilde{\phi}$ を直交規格化されている真の波動関数 ψ_i^0 $(i = 1, 2, 3, ...)$ を用いて，$\tilde{\phi} = \sum_i w_i \psi_i^0$ と展開しなさい．

解

$\tilde{\phi}$ は規格化されているので，

$$\int \tilde{\phi}^*(\boldsymbol{r}) \tilde{\phi}(\boldsymbol{r}) \, d\boldsymbol{r} = \sum_i |w_i|^2 = 1$$

である．

式(4-1)に従ってエネルギー期待値 E を計算すると，

$$E = \int \tilde{\phi}^*(\boldsymbol{r}) \hat{H} \tilde{\phi}(\boldsymbol{r}) \, d\boldsymbol{r} = \sum_i E_i^0 |w_i|^2 \geq \sum_i E_1^0 |w_i|^2 = E_1^0$$

となり，式(4-2)を得る．

4.2 リッツの変分法

変分原理を利用して，基底状態のエネルギー固有値と波動関数の近似解を求めるためには，試行関数を波動関数 $\tilde{\phi}$ としたうえで，エネルギー期待値 E が最小になるように試行関数を調整する．このときの $\tilde{\phi}$ と E を，この試行関数で表現できる範囲における最も良い近似波動関数と近似エネルギー固有値と見なすのである．

リッツの変分法 (Ritz's variational method) では，試行関数を関数の組 $\{\phi_i\}$ $(i = 1, 2, 3, ..., N)$ の線形結合で表現し，エネルギーの期待値が最小となる係数の組も求める [*2]．

$$\tilde{\phi}(\boldsymbol{r}) = c_1 \phi_1(\boldsymbol{r}) + c_2 \phi_2(\boldsymbol{r}) + c_3 \phi_3(\boldsymbol{r}) + \cdots + c_N \phi_N(\boldsymbol{r}) \tag{4-3}$$

この式を式(4-1)に代入する．このときに次の2つの記号を使うと便利である．

[*2] 関数の組 $\{\phi_i\}$ は直交している必要はない．4.1節の真の波動関数 $\{\psi_i^0\}$ と区別するために，ψ(プサイ)に対し φ(ファイ)という異なるギリシャ文字を使った．

4.2 リッツの変分法

$$H_{ij} = \int \phi_i^*(\boldsymbol{r}) \hat{H} \phi_j(\boldsymbol{r}) \, d\boldsymbol{r}$$

$$S_{ij} = \int \phi_i^*(\boldsymbol{r}) \phi_j(\boldsymbol{r}) \, d\boldsymbol{r} \tag{4-4}$$

$\{\phi_i\}$ が既知関数の組の場合,H_{ij},S_{ij} はすべて既知の値となる.式(4-1)は,

$$E = \frac{\sum_i \sum_j c_i^* H_{ij} c_j}{\sum_i \sum_j c_i^* S_{ij} c_j} \tag{4-5}$$

となる.この E を極小にする $\{c_i\}$ の組を見つける.c_i と c_i^* は複素共役であり独立変数として取り扱う.これは複素数の実部と虚部が独立変数となるからである.したがって,各変数 c_i および c_i^* について,$\dfrac{\partial E}{\partial c_i} = 0$ および $\dfrac{\partial E}{\partial c_i^*} = 0$ とする.

式(4-5)を変形して

$$E \sum_i \sum_j c_i^* S_{ij} c_j = \sum_i \sum_j c_i^* H_{ij} c_j$$

c_i^* について偏微分すると,

$$\frac{\partial E}{\partial c_i^*} \sum_i \sum_j c_i^* S_{ij} c_j + E \sum_j S_{ij} c_j = \sum_j H_{ij} c_j$$

ここで $\dfrac{\partial E}{\partial c_i^*} = 0$ をあてはめると,

$$\sum_j (H_{ij} - E S_{ij}) c_j = 0 \tag{4-6}$$

となる.これは

$$(H_{11} - E S_{11}) c_1 + (H_{12} - E S_{12}) c_2 + (H_{13} - E S_{13}) c_3 + \cdots = 0$$
$$(H_{21} - E S_{21}) c_1 + (H_{22} - E S_{22}) c_2 + (H_{23} - E S_{23}) c_3 + \cdots = 0$$
$$\vdots$$

のように変数 $\{c_i\}$ の組についての連立方程式となっており,その解は以下の行列式から求められる.

$$\begin{vmatrix} H_{11}-ES_{11} & H_{12}-ES_{12} & \cdots & H_{1N}-ES_{1N} \\ H_{21}-ES_{21} & \ddots & & \vdots \\ \vdots & & & \\ H_{N1}-ES_{N1} & \cdots & & H_{NN}-ES_{NN} \end{vmatrix} = 0 \qquad (4\text{-}7)$$

この行列式を**永年方程式**(secular equation)[*3]と呼ぶ．H_{ij}, S_{ij} はすべて既知の値なので，この式を解くことで，N 個の E が求められる．これを式(4-6)に代入し，N 個の $\{c_i\}$ の組を求めると，変分法に基づいた固有関数の N 個の近似解が求められたことになる．なお式(4-6)の導出で $\dfrac{\partial E}{\partial c_i}=0$ とすると，式(4-6)の複素共役版が得られ，同じ式(4-7)が導かれる．

なおリッツの変分法に基づいた式(4-7)の N 個の解をエネルギーの低い順に $E_1, E_2, E_3, \ldots$ と表すと，これらは真のエネルギー固有値 $E_1^0, E_2^0, E_3^0, \ldots$ との間に，$E_i \geq E_i^0$ の関係を満たしている．先に変分原理に基づいて，基底状態についての最良の近似波動関数と最良のエネルギー固有値が与えられることを述べたが，$i \geq 2$ の励起状態についても波動関数とエネルギー固有値の最良の近似値が得られる．

例題

2.1節で述べたような1次元の無限に深い井戸型ポテンシャル中の電子の波動関数は，式(2-5)から $n=1$ のときに

$$\psi_1(x) = \sqrt{\dfrac{2}{L}} \sin\left(\dfrac{\pi x}{L}\right)$$

で与えられ，このときの真のエネルギーは，$E_{\text{true}} = \dfrac{\pi^2}{2L^2}$ である．

この無限に深い井戸の中の電子についての解の試行関数として，$\tilde{\psi}(x) = c_1 x(x-L)$ と選んだときに，そのエネルギーが真の解よりも大きくなることを示し，誤差を求めなさい(**図 4-1**)．

[*3] この名前は，天文学での惑星の永年摂動の計算に由来している．

4.2 リッツの変分法

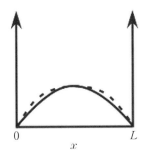

図 4-1 1次元の無限に深い井戸型ポテンシャル中の電子の波動関数(実線)と近似関数(破線).

解

未知数が c_1 だけであるので，この試行関数についてのエネルギーの期待値 E の極小は，$H_{11} - ES_{11} = 0$ を満足する．これを計算すると，

$$H_{11} = c_1^2 \int_0^L x(x-L)\left(-\frac{1}{2}\frac{d}{dx^2}\right)x(x-L)\,dx$$

$$= c_1^2 \int_0^L x(x-L)\left(-\frac{1}{2}\right)2\,dx = -c_1^2 \int_0^L x(x-L)\,dx$$

$$= c_1^2\left(\frac{L^3}{6}\right)$$

また，

$$S_{11} = c_1^2 \int_0^L x(x-L)\,x(x-L)\,dx$$

$$= c_1^2 \int_0^L x^2(x-L)^2\,dx$$

$$= c_1^2 \int_0^L (x^4 - 2x^3L + x^2L^2)\,dx$$

$$= c_1^2\left(\frac{L^5}{30}\right)$$

試行関数でのエネルギー期待値の極小は，

$$E = \frac{H_{11}}{S_{11}} = \frac{\frac{L^3}{6}}{\frac{L^5}{30}} = \frac{5}{L^2}$$

真の解は，与えられているように

$$E^0 = \frac{\pi^2}{2L^2}$$

したがって，相対誤差は

$$\frac{E - E^0}{E^0} = \frac{5 - 4.93}{4.93} = 0.013$$

であり，エネルギーを 1.3% 過大評価していることになる．

4.3　分子オービタル法(1)―水素分子イオン

　分子についてシュレディンガー方程式を解くときに，最も直観的にわかりやすいのは，分子の波動関数を構成する原子オービタルの重ね合わせで記述する方法である．これを**分子オービタル法**(molecular orbital)[*4] と呼ぶ．

　まず最も簡単な水素分子イオン H_2^+ について考えてみよう．**図 4-2** に示すように原子核は 2 つあるが，電子が 1 つしかないために電子間相互作用を考えなくてよい．

　分子全体の電子についてのハミルトニアンは，次の式(4-8)で与えられる．

$$\hat{h} = -\frac{1}{2}\nabla^2 - \frac{1}{r_A} - \frac{1}{r_B} \tag{4-8}$$

以下では 3 章と同様に，慣例によりハミルトニアンを小文字の $\hat{h}$ で記し，リッツの変分法で求められるエネルギー固有値を ε，対応する固有関数を ψ と記すことにする．

　H の原子オービタルとして 1s オービタルだけを考え，その線形結合として，

[*4]　分子軌道法と同義である．

4.3 分子オービタル法(1)—水素分子イオン

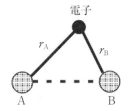

図 4-2 水素分子イオン．AとBは原子核を表す．

$$\psi(\boldsymbol{r}) = c_A \chi_A(\boldsymbol{r}) + c_B \chi_B(\boldsymbol{r}) \tag{4-9}$$

と書くことにする．$\chi_A(\boldsymbol{r})$ と $\chi_B(\boldsymbol{r})$ は 1s オービタルであり実数の関数である．変分法によって c_A, c_B の値を求めてみよう．式(4-4)と同様に，H_{ij} と S_{ij} を定義する．H_{ij} と S_{ij} を，それぞれ**共鳴積分**(resonance integral)，**重なり積分**(overlap integral)と呼ぶことがある．$i = j$ の場合の H_{ij} を**クーロン積分**(Coulomb integral)と呼ぶ．

永年方程式は

$$\begin{vmatrix} H_{AA} - \varepsilon S_{AA} & H_{AB} - \varepsilon S_{AB} \\ H_{BA} - \varepsilon S_{BA} & H_{BB} - \varepsilon S_{BB} \end{vmatrix} = 0 \tag{4-10}$$

となる．ハミルトニアン $\hat{h}$ は，AとBの原子を入れ替えても不変なので，$S_{AB} = S_{BA}$，$H_{AB} = H_{BA}$ であり，また $S_{AA} = S_{BB} = 1$，そして $H_{AA} = H_{BB} = H_0$ と記すと，式(4-10)は，

$$(H_0 - \varepsilon)^2 - (H_{AB} - \varepsilon S_{AB})^2 = 0 \tag{4-11}$$

となり，

$$\varepsilon_{\pm} = \frac{H_0 \pm H_{AB}}{1 \pm S_{AB}} \quad \text{(複号同順)} \tag{4-12}$$

という2つの解が得られる．以下に述べるように $H_{AB} \leq 0$ なので，$\varepsilon_+ \leq \varepsilon_-$ である．

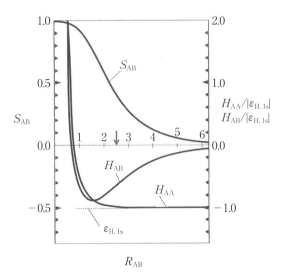

図 4-3 水素分子イオンについての各積分値の核間距離 R_{AB} 依存性．平衡核間距離(図中矢印)は 2.5 原子単位である(大野公一，量子化学，岩波書店(1996)より)．

3.3 節で見たように，$\chi_{1s}(r) = \dfrac{1}{\sqrt{\pi}}\exp(-r)$ であり，水素分子イオンについて積分を実行すると，**図 4-3** を得る．$\varepsilon_{H,1s}$ は孤立した水素原子についてのエネルギー固有値であり，

$$\varepsilon_{H,1s} = \int \chi_{1s}(\boldsymbol{r}) \left(-\frac{1}{2}\nabla^2 - \frac{1}{r}\right) \chi_{1s}(\boldsymbol{r})\, d\boldsymbol{r}$$

で与えられる．S_{AB} は正で 0 から 1 の値をとる．H_{AA} と H_{AB} は，核間距離がゼロに近づくと，原子核間の斥力により無限大に発散するが，水素分子イオンが最も安定となる平衡核間距離付近では H_{AB} は負の値を持つ．H_{AA} は，平衡核間距離付近では，孤立した水素原子についてのエネルギー固有値 $\varepsilon_{H,1s}$ と大差ない．

次にそれぞれのエネルギー値に対応する c_A と c_B の値を求めよう．式(4-6)，つまり

$$\sum_j (H_{ij} - \varepsilon S_{ij}) c_j = (H_0 - \varepsilon) c_A + (H_{AB} - \varepsilon S_{AB}) c_B = 0$$

4.3 分子オービタル法(1)—水素分子イオン

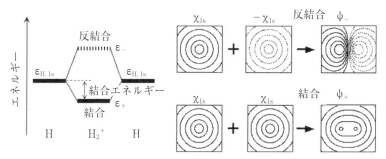

図 4-4 水素分子イオンに束縛された電子についての分子オービタルのエネルギー固有値と形状(等高線の間隔は対数スケールとした).

に式(4-12)の ε を代入すると，

$$\pm \frac{(H_0 S_{AB} - H_{AB})}{1 \pm S_{AB}} c_A - \frac{(H_0 S_{AB} - H_{AB})}{1 \pm S_{AB}} c_B = 0$$

であり，$c_A = \pm c_B$ である．

式(4-9)の規格化条件を考えると，

$$\int |\psi(\boldsymbol{r})|^2 d\boldsymbol{r} = \int |c_A \chi_A(\boldsymbol{r}) + c_B \chi_B(\boldsymbol{r})|^2 d\boldsymbol{r} = c_A^2 + c_B^2 + 2 c_A c_B S_{AB} = 1 \quad (4\text{-}13)$$

である．ε_+ のときは，

$$c_A = c_B = \frac{1}{\sqrt{2(1 + S_{AB})}} \quad (4\text{-}14)$$

ε_- のときは，

$$c_A = -c_B = \frac{1}{\sqrt{2(1 - S_{AB})}} \quad (4\text{-}15)$$

となる．これらの波動関数を ψ_+ および ψ_- と書くことにする．その形状は**図 4-4**(右)に等高線で示すとおりである．実線と点線は，正負に符号が異なる波動関数を示している．分子オービタル ψ_+ は2つの水素原子の1sオービタル χ_{1s} が同位相で重なっており，2つの原子の中間領域で振幅が高い．このようなオービタルを**結合オービタル**(bonding orbital)と呼ぶ．これに対してエネルギー固有値 ε_- に相当する分子オービタル ψ_- では，2つの水素原子の1sオービタル χ_{1s} が

逆位相となり，2つの原子の中間で節ができている．このようなオービタルを**反結合オービタル**(anti-bonding orbital)と呼ぶ．波動関数を2乗すると，それぞれの分子オービタルに相当する電子密度となる．結合オービタルの場合，電子密度は原子間で高くなり，このオービタルに電子が入ると**共有結合**(covalent bond)が形成される．水素分子イオンの場合，基底状態では1つの電子がこの結合オービタルに収容される．そのとき，図4-4に示す結合エネルギー分の利得がある．共有結合というと，2つの原子で互いの電子を共有することで生じる結合という印象があるかもしれないが，1つの電子でも共有結合しているのである．

一方，反結合オービタルでは，何も相互作用がない孤立水素原子の場合よりも電子密度が原子間で低下している．したがって，このオービタルに電子が収容されると，エネルギーの損失があるとともに，両原子核には外側に引っ張られる力，つまり結合が切れる方向への力が働く．水素分子イオンの場合は，反結合オービタルに電子が入るのは励起状態の場合であり，その重要性が直感的にはわかりにくいかもしれない．しかし多くの化学反応では反応物の化学結合の切断が必要であり，反結合オービタルが極めて重要な役割を持つのである．

4.4　分子オービタル法(2)—水素分子

水素分子では電子数が2個になる．**図4-5**に示すように，1と2を電子の識別子，AとBを原子核の識別子とすると，電子2個分のハミルトニアンは，

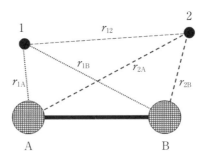

図4-5　水素分子．AとBは原子核，1と2は電子を表す．

4.4 分子オービタル法(2)—水素分子

$$\hat{H} = -\frac{1}{2}\nabla_1^2 - \frac{1}{r_{1A}} - \frac{1}{r_{1B}} - \frac{1}{2}\nabla_2^2 - \frac{1}{r_{2A}} - \frac{1}{r_{2B}} + \frac{1}{r_{12}} \tag{4-16}$$

となる.これは,3.5節で述べたヘリウム原子の原子核を分離させたものに相当し,同様の解法を用いる.ハートレー法を用いると,式(3-24)と同様に,1番目の電子についてのシュレディンガー方程式は,以下の形で書くことができる.

$$\left(-\frac{1}{2}\nabla_1^2 - \frac{1}{r_{1A}} - \frac{1}{r_{1B}} + \int\frac{\rho(\boldsymbol{r}_2)}{r_{12}}d\boldsymbol{r}_2\right)\psi(\boldsymbol{r}_1) = \varepsilon\psi(\boldsymbol{r}_1) \tag{4-17}$$

この一電子シュレディンガー方程式をセルフコンシステント法で解くことで,水素分子の電子構造を求めることができる.

Hの原子オービタルとして1sオービタルだけを考え,その重ね合わせとして式(4-9)を用いると,一電子ハミルトニアンのエネルギー固有値は式(4-12)と同じ形となる.c_Aおよびc_Bについても,式(4-14)および式(4-15)と同じ形になり,図4-4に示したものと同じく結合オービタルと反結合オービタルが形成される.水素分子イオンの場合と式の形は同じで,波動関数の形やエネルギー固有値も定性的に同じである.しかし,ハミルトニアンの中身が違うので,定量的にはもちろん異なるものである.

また,水素分子の場合は電子数が2個なので,パウリの原理を考えなければならない.すなわち,1つの波動関数で表される電子の状態に,2つ以上の電子を収容することはできない.水素分子イオンの場合,1個の電子は基底状態で結合オービタルに入った.水素分子の場合も基底状態で2個の電子は共に結合オービタル$\psi_+(\boldsymbol{r})$に収容されるが,上向きスピンと下向きスピンにそれぞれ1個ずつという制約がある.それぞれの波動関数はスピン関数を用いて,$\psi_+(\boldsymbol{r})\alpha(\sigma)$と$\psi_+(\boldsymbol{r})\beta(\sigma)$と表される.

水素分子の場合,電子はちょうど結合オービタルだけを満たすことになり,2つのH原子は強く共有結合して安定な分子を形成する.これに対して,同様の分子オービタルを形成するHe_2分子では総電子数は4となり,電子は結合オービタルのみならず,反結合オービタルまで満たすことになる.その結果,He_2分子は結合と反結合が相殺し,共有結合を示さないようになる.実際にHeは不活性ガスであり,自然界でHe_2分子は安定には存在しない.この状況を模式的に**図4-6**に示した.

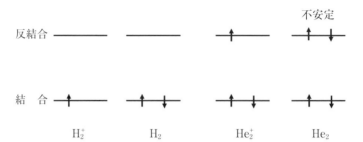

図4-6 水素分子イオン，水素分子，ヘリウム分子イオン，ヘリウム分子に束縛された電子の分子オービタルのエネルギー固有値と基底状態での電子の占有状態.

4.5 分子オービタル法(3)— 一般的な分子

多数の原子と多数の電子からなる一般的な分子であっても，同様に一電子近似を用いて分子オービタル法でシュレディンガー方程式を解くことができる．式(4-9)のように，一電子波動関数を原子オービタルの線形結合で表し，

$$\psi(\bm{r}) = \sum_{i=1}^{N} c_i \chi_i(\bm{r}) \tag{4-18}$$

この係数をリッツの変分法によって求める(以降，簡単のためにスピン関数はあらわに書かないことにする)．

エネルギー固有値と原子オービタルの係数は，次の永年方程式と波動関数の規格化条件から求められる．

$$\begin{vmatrix} H_{11} - \varepsilon S_{11} & H_{12} - \varepsilon S_{12} & \cdots & H_{1N} - \varepsilon S_{1N} \\ H_{21} - \varepsilon S_{21} & \ddots & & \vdots \\ \vdots & & & \\ H_{N1} - \varepsilon S_{N1} & \cdots & & H_{NN} - \varepsilon S_{NN} \end{vmatrix} = 0 \tag{4-19}$$

4.5 分子オービタル法(3)——一般的な分子

例題

図 **4-7** に示すように，水素の 2 原子分子に別の水素原子を 1 つ近づけることを考える．このとき，電子のエネルギー状態はどのようになるか．
1) 3 番目の水素原子が水素分子と相互作用しないような遠い位置にある場合．
2) 水素 3 原子が同じ結合距離で正三角形に配置した場合．

図 **4-7** 水素 3 原子の配置．

解

永年方程式を作る．$H_{AA}=H_{BB}=H_{CC}=\varepsilon_0$, $S_{AA}=S_{BB}=S_{CC}=1$ であるので，

$$\begin{vmatrix} \varepsilon_0-\varepsilon & H_{AB}-\varepsilon S_{AB} & H_{AC}-\varepsilon S_{AC} \\ H_{BA}-\varepsilon S_{BA} & \varepsilon_0-\varepsilon & H_{BC}-\varepsilon S_{BC} \\ H_{CA}-\varepsilon S_{CA} & H_{CB}-\varepsilon S_{CB} & \varepsilon_0-\varepsilon \end{vmatrix}=0$$

1) $S_{AC}=S_{BC}=0$, $H_{AC}=H_{BC}=0$ と考えることができるので，$X=\varepsilon_0-\varepsilon$, $Y=H_{AB}-\varepsilon S_{AB}$ とおくと，解は $X=0$ と $X=\pm Y$．したがって，解は $\varepsilon=\varepsilon_0$ および，$\varepsilon=\dfrac{\varepsilon_0\pm H_{AB}}{1\pm S_{AB}}$ の 3 通り．

これは水素分子を形成している A，B 両原子に束縛された電子と，孤立した C 原子に束縛された電子のエネルギーに相当する．

2) $S_{AB}=S_{BC}=S_{CA}$, $H_{AB}=H_{BC}=H_{CA}$ となるので，永年方程式は $X^3+2Y^3-3XY^2=(X-Y)^2(X+2Y)=0$ となる．
したがって，解は $\varepsilon=\dfrac{\varepsilon_0-H_{AB}}{1-S_{AB}}$（2 重縮退）および，$\varepsilon=\dfrac{\varepsilon_0+2H_{AB}}{1+2S_{AB}}$ の 3 通り．

問題

水素原子が1次元に等間隔 a で並んでいる3原子分子の3つのエネルギー固有値を求めなさい.

なお計算を簡単にするために, 隣接している原子間以外では $H_{ij}=0$ および $S_{ij}=0$ と近似する.

隣接している原子間での H_{ij} および S_{ij} は, すべて等しい値をとるので, すべて H_{AB} および S_{AB} と書く. また $i=j$ のとき $H_{ii}=\varepsilon_0$ と書くことにする. 定義より $S_{ii}=1$ である(なお, 水素分子の場合 H_{AB} は負の値である) (図 4-8).

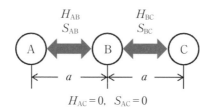

図 4-8 直線に並ぶ水素3原子.

略解

$$\varepsilon = \varepsilon_0 \text{ および } \varepsilon = \frac{\varepsilon_0 \pm \sqrt{2}\,H_{AB}}{1 \pm \sqrt{2}\,S_{AB}}$$

問題

水素原子が1次元に等間隔 a で並んでいる4原子分子の4つのエネルギー固有値を求めなさい.

なお, 行列式を解く際に, **余因子**を考えなさい. 前問と同様に, 隣接している原子間以外の共鳴積分 $H_{ij}\,(i \neq j)$ および重なり積分 $S_{ij}\,(i \neq j)$ がゼロと近似し, 隣接している原子間での H_{ij} および S_{ij} は, すべて等しい値をとり, $H_{ij}=H_{AB}$ および $S_{ij}=S_{AB}$ と書きなさい.

なお n 次正方行列

$$\mathbf{A} = \begin{bmatrix} a_{11} & a_{12} & \cdots & a_{1n} \\ a_{21} & a_{22} & \cdots & a_{2n} \\ \vdots & \vdots & \ddots & \vdots \\ a_{n1} & a_{n2} & \cdots & a_{nn} \end{bmatrix}$$

の行列式 $|\mathbf{A}|$ は，$n>3$ のときには単純なたすきがけで求めることはできない．

$\mathbf{A}$ から第 k 行と第 l 列を取り除いた，$n-1$ 次の行列 $\overline{\mathbf{A}}_{kl}$ についての行列式 $|\overline{\mathbf{A}}_{kl}|$ を用いて

$$|\mathbf{A}| = \sum_{l=1}^{n}(-1)^{k+l}a_{kl}|\overline{\mathbf{A}}_{kl}|$$
$$= (-1)^{k+1}a_{k1}|\overline{\mathbf{A}}_{k1}| + (-1)^{k+2}a_{k2}|\overline{\mathbf{A}}_{k2}| + \cdots + (-1)^{k+n}a_{kn}|\overline{\mathbf{A}}_{kn}|$$

と表すことができる．この $(-1)^{k+l}|\overline{\mathbf{A}}_{kl}|$ を行列 $\mathbf{A}$ の要素 a_{kl} に対する余因子と呼ぶ．

|略解|

$$\varepsilon = \frac{\varepsilon_0 \pm 1.6 H_{\mathrm{AB}}}{1 \pm 1.6 S_{\mathrm{AB}}} \quad \text{および} \quad \varepsilon = \frac{\varepsilon_0 \pm 0.6 H_{\mathrm{AB}}}{1 \pm 0.6 S_{\mathrm{AB}}}$$

4.6 等核 2 原子分子

　周期表の第 1 周期である H と He についての等核 2 原子分子については，図 4-6 で議論した．Li から Ne までの第 2 周期の元素の場合，原子オービタルとして 2s と 2p オービタルが重要になる．原子の場合には，s オービタル，p オービタルというように，対称性でオービタルを分類した．分子の場合も分子オービタルの対称性で分類することができる．分子オービタルの場合は，σ や π といった記号をつけて分子オービタルを表す．これらは分子軸方向から見たときに，それぞれ原子オービタルの s オービタルや p オービタルと同じ対称性を持っている．原子オービタルの場合はローマ字で表すが，分子オービタルの場合は，対応するギリシャ文字で表すのが慣例である．すなわち s オービタルに類似の対称性を持つ分子オービタルは σ オービタル，p オービタルと類似の場合は π オービタル，d や f オービタルに対応する場合は，対応するギリシャ文字を当てて，δ や φ オービタルと呼ぶ．原子オービタル間の相互作用は 2p オービタルの σ 結合であ

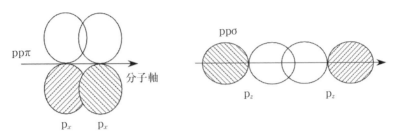

図 4-9　2p オービタル間の π 結合と σ 結合.

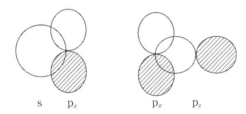

図 4-10　相互作用しないオービタルの例. 重なり積分がゼロになることがわかる.

ればppσ，π結合であればppπ（**図 4-9**），これらの反結合の分子オービタルは*を右肩に付けてppσ*，ppπ*のように表記する．また**図 4-10**に示すように，対称性の違うオービタル間では相互作用がない．これは，両オービタル間の重なりを空間全体で積分すると，正負の重なり部分が相殺してゼロになることから理解できる．p オービタルには方向の異なる 3 種類があるが，相互作用するのは方向の同じもの同士で，z 方向を分子軸にとると，p_z オービタル同士は，σ あるいは σ* 型の分子オービタル，p_x オービタル同士と p_y オービタル同士は，π あるいは，π* 型の分子オービタルをつくる．等核 2 原子分子の場合，p_x と p_y は分子オービタルを形成しても空間的に全く等価である．これらは等しいエネルギー固有値をとり，2 重に縮退した分子オービタルとなる．

　周期表の第 2 周期の等核 2 原子分子の電子構造を模式的に示すと，**図 4-11** のようになる．Be_2 では，2s オービタルの作る結合と反結合オービタルが満ち，He_2 と同様に安定な分子は形成されない．これより後の元素で，ppσ と ppπ で

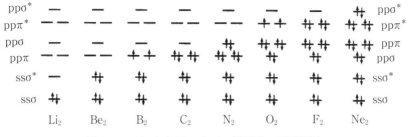

図 4-11 Li_2 から Ne_2 までの価電子の電子配置.

は，前者のほうが結合的な相互作用が強く，エネルギーが低下することが予想される．これは O_2 から Ne_2 については正しいが，図に示したように B_2 から N_2 までは，ppπ のほうがエネルギーが低くなる．これは，これら周期表で左側の元素では 2s と 2p のエネルギー差が小さいために，純粋な ppσ が形成されず，同じ対称性を持ち反結合的な相互作用を持つ ssσ* オービタルが混じるためである．

なお，図 4-11 の B_2 と O_2 において，最もエネルギーの高い被占準位は 2 重に縮退した ppπ あるいは ppπ* であり，スピンの向きがそろった不対電子を持っている．このように不対電子が存在すると，原子は磁気モーメントを持つようになる．実際に液体酸素は常磁性を示し，永久磁石に引き寄せられることが実験で確認できる．液体窒素は常磁性を示さない．このように，原子に束縛された複数の電子が，縮退した準位を占有する場合，パウリの原理に反しない範囲で，スピンの向きがそろう傾向になる経験則が知られている．これを**フントの規則**(Hund's rules)という．

4.7 結合の次数

図 4-11 に示したように，N_2 分子では，ppσ, ppπ の合計 3 つの結合オービタルにそれぞれ 2 個の電子が入っており，3 つの電子対が結合に寄与する．これを 3 重結合と呼ぶ．この表現に従うと，結合性オービタルに n_+ 電子が入り，反結合性オービタルに n_- 電子が入ると，

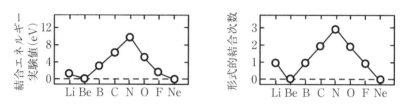

図 4-12 等核 2 原子分子の結合エネルギーの実験値と形式的結合次数.

$$\frac{1}{2}(n_+ - n_-) \quad (4\text{-}20)$$

の**形式的結合次数**(formal bond order)を持つことになる．図 4-11 に示す等核 2 原子分子の結合次数は，Li_2 で 1 次，Be_2 で 0 次，B_2 で再び 1 次となり，N_2 の 3 次で最大となる．2 原子分子の結合エネルギーの実験値(解離エネルギー)と形式的結合次数との間には，**図 4-12** に示すように，良い相関関係がある．

4.8 異核 2 原子分子

　同じように 2 原子分子で，元素が異なる場合(異核 2 原子分子)を考えてみよう．簡単のために，原子 A と B の価電子の原子オービタルがそれぞれ χ_A と χ_B 1 つずつとすると，分子オービタルは式(4-9)と同じ形で書ける．水素分子の場合は，$c_A = \pm c_B$ であったが，元素が異なる場合は，原子 B の電気陰性度が原子 A よりも大きければ，原子 B に電子は集まる傾向にあり，結合性オービタルでは $c_A < c_B$ となる．c_A と c_B の大きさは，水素分子イオンの場合と同一の方法で求められる．

　分子オービタルを求めるために必要な永年方程式は式(4-10)であり，

$$\Delta H_{AB} = H_{AA} + H_{BB} - 2H_{AB}S_{AB}, \quad \Delta S_{AB} = (1 - S_{AB}^2)$$

と表すと，エネルギー固有値は

$$\varepsilon_\pm = \frac{\Delta H_{AB} \pm \sqrt{\Delta H_{AB}^2 - 4\Delta S_{AB}(H_{AA}H_{BB} - H_{AB}^2)}}{2\Delta S_{AB}} \quad (4\text{-}21)$$

となり，エネルギーは H_{AA}，H_{BB}，H_{AB}，S_{AB} の 4 変数に依存することがわかる．規格化条件の式(4-13)から ε_+ と ε_- それぞれについて c_A と c_B が求められ

4.8 異核2原子分子

る.

このように電子分布が偏る場合，**マリケンの電子密度解析**(Mulliken population analysis)を利用すると，電子分布の偏りを定量的に把握できる*5. 今 A, B という原子の価電子が1つずつの場合を考える. この2つの原子の距離が十分に離れている場合，それぞれの原子に束縛されている電子の数は，$P_A = P_B = 1$ である. 2つの原子が近づいて分子を形成すると，結合オービタルができ2つの電子が収容される. このときマリケンの電子密度解析では

$$P_A = 2c_A(c_A + c_B S_{AB})$$
$$P_B = 2c_B(c_B + c_A S_{AB})$$
$$P_A + P_B = 2 \tag{4-22}$$

と**有効電子数** P_A と P_B を決める. 分子オービタルは規格化されているので，

$$\int |\psi(\boldsymbol{r})|^2 d\boldsymbol{r} = \int |c_A \chi_A(\boldsymbol{r}) + c_B \chi_B(\boldsymbol{r})|^2 d\boldsymbol{r} = c_A^2 + c_B^2 + 2c_A c_B S_{AB} = 1 \tag{4-23}$$

である. この第3項の c_A^2 および c_B^2 それぞれに，χ_A と χ_B の重なりに起因する項 $2c_A c_B S_{AB}$ の1/2を加え，分子オービタルに収容されている電子数2を掛けると式(4-22)を得る.

マリケンの電子密度解析では，式(4-23)の χ_A と χ_B の重なりに起因する項 $2c_A c_B S_{AB}$ を共有結合の強さと見なし，これを**有効重なり電子数**，**ボンド・オーバーラップ・ポピュレーション**(bond overlap population)，あるいは**正味の結合次数**と呼ぶ. 上の例の分子では，原子 A，B 間で共有する有効重なり電子数は，電子数2を掛けて，

$$P_{AB} = 2 \times 2c_A c_B S_{AB} = 4c_A c_B S_{AB} \tag{4-24}$$

となる. ここで，全電子数は P_A と P_B にすでに割り当てられてあり ($P_A + P_B = 2$)，P_{AB} はこれらにすでに含まれていることに注意してほしい(**図 4-13**).

---

*5 電子密度分布を解析する方法は，マリケンの方法のように原子オービタルに割り当てる方法以外に，実空間を分割する方法として Bader 法，Hirshfeld 法，Voronoi 法など様々に提案されている. どの方法を採用しても任意性は残るので，混用しないなどの注意が必要である.

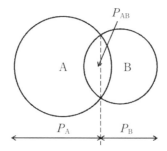

図 4-13　マリケンの電子密度解析．

4.9　共有結合性とイオン性

4.8 節に記したように，異核 2 原子分子の場合，原子 B の電気陰性度が原子 A よりも大きければ，原子 B に電子は集まる傾向(陰イオンになる傾向)があり，原子 A は電子を失って陽イオンになる傾向がある．A と B の電気陰性度差が大きくなるほど原子のイオン性は大きくなり，逆に共有結合性は小さくなる．

このことを簡単に調べるために $H_{BB} = -0.5$，$S_{AB} = 0.3$，$H_{AB} = -0.5$ という値に固定し，H_{AA} を変化させて，オービタルエネルギー $\varepsilon_\pm$ と，それぞれについての c_A と c_B，さらに P_A, P_B, P_{AB} を計算してみよう．前節で得られた式に基づいて計算した分子オービタル，電子密度の空間分布とオービタルエネルギーを図 4-14 に示す．図からわかるように，異種原子の結合状態には，イオン結合と共有結合が混在し，$\varepsilon_A = \varepsilon_B$ となるとき，すなわち等核のときに，オービタルエネルギーの変化が最大となり，またこのとき有効重なり電子数 P_{AB} が最大値をとる．

孤立原子の価電子数を N_A および N_B としたときに(今は $N_A = N_B = 1$)，各原子の有効電荷 Q_A および Q_B は，$Q_A = N_A - P_A$，$Q_B = N_B - P_B$ で与えられる．分子が有効電荷を持つ点電荷によって構成されていると見なすと，イオン結合の強さは $-Q_A Q_B$ に比例する．したがってイオン結合の強さは，$|\varepsilon_A - \varepsilon_B|$ が大きいほど大きくなることがわかる．

一般に，共有結合の強い場合にはイオン結合が弱く，イオン結合が強い場合に

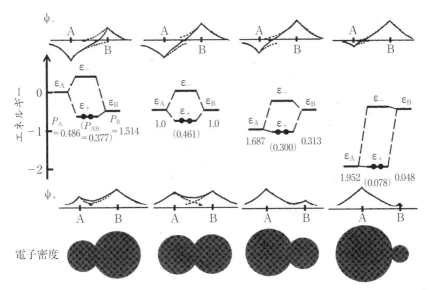

図 4-14 2原子分子を構成する原子オービタルの相対変化に伴う分子オービタルの変化と電子密度分布(足立裕彦,田中功,量子・材料学の初歩,三共出版(1998)より).

は共有結合が弱いことが,分子オービタルが式(4-9)のように単純に表現できる場合には成り立つことがわかる.つまり共有結合とイオン結合とは相補的である.しかし後述する遷移金属の3dと4sオービタルのように,エネルギーの近接したいくつかの価電子の原子オービタルが共存する場合には,事情は複雑になる.この場合には,原子オービタルごとに$H_{AA}, H_{BB}, H_{AB}, S_{AB}$の4変数を考えなければ,誤った結論に達することになる.

例題

N_2 分子と CO 分子の各準位のエネルギーと，電子の占有状況，そして分子オービタルの形を模式的に示しなさい．また，CO 分子の電子密度分布はどうなるか，理由とともに述べなさい．

解

図 4-15 のようになる．電子の占有状況は，図 4-6 や 4-11 と同様にスピンの向きを矢印の向きで表現した．CO 分子も N_2 分子と同様に 3 重結合となるが，CO 分子では，O-2p が主成分の分子オービタルまで電子が占有するため，O に電子密度が偏る．すなわち C→O というように **電荷移行**(charge transfer)する．これは C よりも O のほうが，原子番号が大きく原子核の電荷が多いためである．C よりも O のほうが電気陰性度が高いためという表現も正しい．

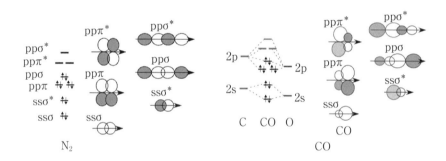

図 4-15

第5章
遷移金属錯体の電子構造

　金属錯体(metal complex)とは，中心に金属元素あるいはイオンを持ち，別種のイオンや分子，多原子イオンなどの配位子(ligand)が結合した集合体を指す．独立した化学種であることを示すために，集合体の組成を$[Co(NH_3)_6]^{3+}$のように[ ]で囲み，中心原子，イオン性配位子，中性配位子の順に示す．水溶液中の水和(hydration)イオンは，アクア錯体$[M(H_2O)_m]^{n+}$と記述される．本章では，金属錯体としてとくに重要な3d遷移金属錯体について単核のものを対象に簡単に述べる．このような遷移金属錯体の電子構造の知見は，イオン性結晶中の微量の遷移金属不純物を記述する場合にも適用できる．

5.1　結晶場理論と分子のスピン状態

　遷移金属錯体の電子状態や性質を理解するためには，dオービタルに収容された電子，すなわち，d電子を理解することが重要である．dオービタルは図3-8に示したように，オービタル磁気量子数の異なる5つのオービタル，d_{xy}, d_{yz}, d_{zx}, $d_{x^2-y^2}$, d_{z^2}から構成される．遷移金属原子が孤立している，あるいは球対称の電場の中に置かれた場合は，この5つのdオービタルは縮退しており，エネルギー的に等価である．しかし配位子が存在すると縮退が解ける．

　3価の3d遷移金属イオンM^{3+}に6個の酸化物イオンO^{2-}が配位し正八面体対称(octahedral symmetry, O_h)にある$[MO_6]^{9-}$錯体の電子配置を図5-1に示す．3価の遷移金属イオンM^{3+}とO^{2-}イオンの最外殻電子は，それぞれO-2pとM-3dであり，図に示すように，$[MO_6]^{9-}$錯体におけるM-3d主成分のオービタルは，O-2pと反結合の位相になる．このM-3d主成分のオービタルは，正八面体場では2重縮退のe_gオービタルと3重縮退のt_{2g}オービタルに分裂する．これらは群論の指標[*1]に従って命名されたものである．なお，この錯体の中には6個の酸化物イオンが存在し，O-2pを主成分とする分子オービタルは縮退し

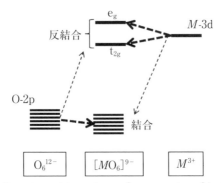

図 5-1 $[MO_6]^{9-}$ 錯体の電子配置が 6 個の O^{2-} イオンと M^{3+} イオンから形成される模式図.

ているものを含めて $3 \times 6 = 18$ 種類存在し，そのエネルギー準位は図 5-1 にまとめて O-2p と記したようになる．これは異なる原子に属する O-2p 同士で結合および反結合の相互作用があるためである．

M-3d オービタルの縮退の解け方を最も単純に説明するのは，配位子イオンによる電場の影響だけを考えるもので，最初に結晶中の遷移金属不純物の議論に用いられたために**結晶場理論**(crystal field theory)と呼ばれる．**図 5-2** に示す 5 つのdオービタルのうち，正八面体場において，配位子の方を向いた d オービタル (d_{z^2} と $d_{x^2-y^2}$) のほうが 2 つの配位子の中間を向いた d オービタル (d_{xy}, d_{yz}, d_{zx}) よりも，配位子イオンの負電荷の静電反発を強く受けて，エネルギーが上昇する．残りの 3 つのオービタルも静電反発を受けるのであるが，等価な負電荷が球対称に分布しているときに比べてエネルギーが減少する．

同様の議論を 4 配位の**正四面体対称**(tetrahedral symmetry, T_d)の場合について行うと，2 重縮退の e オービタルのエネルギーが 3 重縮退の t_2 オービタルのエネルギーよりも低くなる．結晶場理論で出現するこれらの分裂幅を**結晶場分裂** (crystal field splitting)と呼び，O_h あるいは T_d の添字を付けて，Δ_o や Δ_t のよう

---

*1 点群の表記法として，このマリケン記号が広く使われている．

*2 Δ_o のことを $10Dq$ と呼ぶことがある．

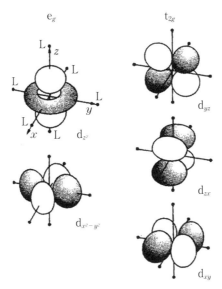

図 5-2 正八面体場において結晶場分裂の原因となる d オービタルの形状．L は配位子を示す．

に表す*2．この d オービタルのエネルギー分裂の様子を**図 5-3** に示す．

このように結晶場分裂したオービタルに，電子がエネルギーの低い順序で占有していく．そのときスピンの向きはできるだけそろうような配置をとることが経験的に知られている(第4章で述べたフントの規則)．d オービタルに n 個の電子が入る場合を **d^n 配置**と呼ぶ．正八面体場の場合，d^1 から d^3 配置までは t_{2g} オービタルだけを↑(上向き)スピンの電子が占有する．**図 5-4** に示すように，d^4 配置では，4番目の電子が t_{2g} の↓(下向き)スピンとなる場合と，e_g オービタルの↑(上向き)スピンとなる場合の2通りの電子配置が可能となり，どちらが起こるかは，結晶場分裂 Δ_0 とスピン対の形成エネルギーの大小によって決まる．$(t_{2g}\uparrow)^3(t_{2g}\downarrow)^1$ 配置と $(t_{2g}\uparrow)^3(e_g\uparrow)^1$ 配置とでは，遷移金属イオン1個あたりの磁気モーメントの大きさが変わり，物性への影響やイオン半径も大きく異なる．したがって，これらを区別する必要があり，それぞれ**低スピン状態**(low spin state)と**高スピン状態**(high spin state)と呼ぶ．同じ元素の遷移金属イオンで

第5章 遷移金属錯体の電子構造

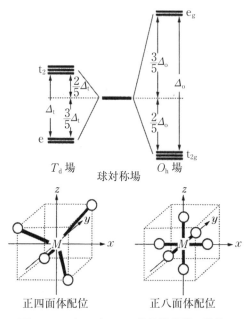

図 5-3 d オービタルの結晶場分裂の様子.

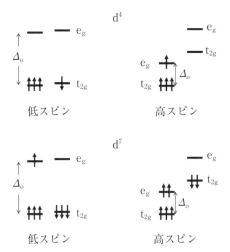

図 5-4 d^4 および d^7 配置のときの低スピン状態と高スピン状態での電子配置.

あっても高スピンと低スピンの両方の状態をとる場合がある．2つの状態を熱や光，圧力といった外場によって行き来する現象も知られており，**スピンクロスオーバー**(spin crossover)と呼ばれる．このような2つのスピン状態が生じる可能性があるのは，d^4 から d^7 配置の場合である．

5.2　配位子場理論

　以上述べてきた結晶場理論は明解であり，その概念が広く使われているが，これは電場しか考えない定性的な理論である．配位子と金属イオンとの間の化学結合の効果を採り入れた議論をするには，分子オービタル法に基づいた**配位子場理論**(ligand field theory)を使う．図5-1に示したような3d遷移金属イオンに6個の酸化物イオン O^{2-} が配位し正八面体対称にある $[MO_6]^{9-}$ 錯体における分子オービタルの形状を模式的に**図 5-5** に示す．t_{2g} オービタルは O-2p と M-3d が π^* 的な反結合，e_g オービタルは σ^* 的な反結合であり，e_g オービタルのほうが反結合の度合が強く，エネルギーが高くなっている．

　3d遷移金属イオンの錯体では，金属がScからNiまで原子番号が増加するとともに，3dオービタルのエネルギーが徐々に低下する．また同じ元素でも，イオンの価数が増大すると，エネルギーが低下する．第4章での議論を思い出すと，このように3dオービタルのエネルギーが低下すると，OとMの共有結合電荷が大きくなることが理解できる．

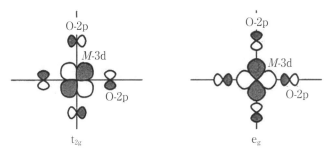

図 5-5　t_{2g} および e_g オービタルの波動関数の形状．

5.3 錯体の着色

遷移金属錯体の多くは着色している.水溶液中のアクア錯体や,結晶としてルビー(Cr^{3+}:Al_2O_3)などの宝石の着色も同様である.白色光のもとでは,物質が吸収した光の波長に対応する色の補色がその物質の色として知覚される.

まず Ti^{3+} のアクア錯体 $[Ti(H_2O)_6]^{3+}$ の場合を述べる.その可視光の吸収スペクトルは図 5-6 に示したとおりである[*3].Ti^{3+} は d^1 配置であり,価電子は基底状態で t_{2g} オービタルを1個占有するだけなので,一電子近似で取り扱うことができる.この電子が図に示すように e_g オービタルに励起されるときに,約 490 nm の青緑色の光を吸収する.したがって,$[Ti(H_2O)_6]^{3+}$ は,この吸収光の補色である紫色を呈する.

ルビーの場合は,図 5-7 に見られるように U バンドという約 550 nm (2.2 eV) の緑色の光と,Y バンドという約 400 nm (3.1 eV) の紫色の光を吸収するため,これらの補色である赤色に知覚される.Cr^{3+} は d^3 配置であり,基底状態は

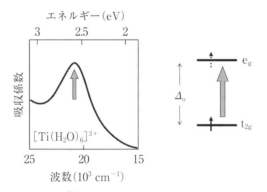

図 5-6 Ti^{3+} アクア錯体の可視吸収スペクトル.

[*3] 図 5-6 および図 5-7 では,横軸を波数とエネルギーの両方で表示している.これは分光実験で横軸を波数にとることが多いためで,波数の単位に cm^{-1} が用いられることが多い.cm^{-1} は**カイザー**(kayser)と呼ばれ,$1\,eV = 8.066 \times 10^3\,cm^{-1}$ である.

5.3 錯体の着色

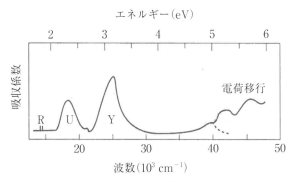

図 5-7 ルビーの可視・紫外吸収スペクトル.

$(t_{2g})^3$ である．このように複数の価電子が存在する場合には，一電子近似では平均的なエネルギーしか求められず，可視・紫外吸収スペクトルの詳細は記述できない．t_{2g} オービタルは3重縮退しており，スピン自由度を考えると $3×2=6$ 種類の状態がある．したがって $(t_{2g})^3$ のように3電子を占有させる場合の数は，$_6C_3=20$ 通りとなる．これらは，3電子の配置によって電子間相互作用(電子間反発)の大きさが異なる．その結果，**図 5-8** に示す $^4A_{2g}, ^2E_g, ^2T_{1g}, ^2T_{2g}$ という4通りのエネルギーに分類される．これを**多重項**(multiplet term)[*4]あるいは**スペクトル項**(spectral term)と呼ぶ．

多重項の記号のうち，$^4A_{2g}$ の前に付けた4という数字は**スピン多重度**(spin multiplicity)であり，$^4A_{2g}$ の場合を4重項 A_{2g}，^2E_g の場合を2重項 E_g と呼ぶ．スピン多重度とは，スピンの自由度のみが異なる縮退した多電子状態の数を表している．第3章で，単一電子について，スピン角運動量演算子 $\hat{s}$，およびその z 成分の演算子 $\hat{s}_z$ を定義し，それぞれの角運動量の大きさを決めるスピン量子数 s と，スピン磁気量子数 m_s というものを与えた．単一電子については $s=1/2$ という値しか持たず，m_s は $±1/2$ という $2s+1=2$ 通りの値しかとることができ

[*4] 多重項の記号のうち $^4A_{2g}$ の A_{2g} のような記号は分子オービタルの場合と同様に，マリケンの記号が広く使われている．多電子の場合には，大文字で表すのが通例である．

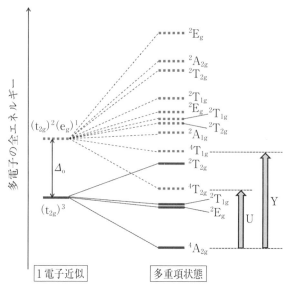

図 5-8 ルビーに対応する正八面体配位の d^3 配置である Cr^{3+} の多重項状態．縦軸が，3つのd電子についての電子間相互作用を含む全エネルギーであることに注意．

ない．一方，多電子状態においては，個々の電子についてのスピン角運動量のベクトル和をとった**合成スピン角運動量**(total spin angular momentum)の演算子 $\hat{S} = \sum_i s_i$，およびその z 成分の演算子 $\hat{S}_z$ というものを考える必要がある．単一電子の場合と同様に，角運動量の大きさを表す合成スピン量子数 S というものを考えると，S のとり得る値は0以上，電子数の半分以下の整数（偶数個の電子の場合）または半整数（奇数個の電子の場合）となる．同様に，合成スピン磁気量子数 M_s というものを考えると，M_s のとり得る数は，$M_s = -S, -S+1, \ldots, S$ の $2S+1$ 通りである．今3つの電子を考えているので，$S = 3/2$ および $1/2$ の2通りの合成スピン角運動量をとる．それぞれとり得る M_s の数は $2S+1 = 4$ および2通りであり，スピン多重度4と2の状態に対応している．

多重項の記号のうちAは縮退なし，Eは2重縮退，Tは3重縮退を表している．したがって多重項の状態の数は，$^4A_{2g}$ ではスピン多重度の4通り，^2E_g で

5.3 錯体の着色

はスピン多重度の2種類と縮退数2を掛けて4通り，同様に $^2T_{1g}$ と $^2T_{2g}$ は，それぞれ $2\times3=6$ 通りとなる．これらをすべて足し合わせると，$4+4+6+6=20$ 通りであり，t_{2g} に3電子を占有させる場合の数 $_6C_3=20$ 通りと同じになる．

1つの電子が e_g オービタルに励起した電子配置 $(t_{2g})^2(e_g)^1$ については，その場合の数は $_6C_2\times{}_4C_1=60$ 通りであり，図5-8に示すような多重項に分類される．図5-7に見られるUバンドとYバンドは，いずれも $(t_{2g})^3$ から $(t_{2g})^2(e_g)^1$ という電子配置への励起であるが，それぞれ $^4A_{2g}\rightarrow{}^4T_{2g}$，$^4A_{2g}\rightarrow{}^4T_{1g}$ という多重項間の励起に対応することが知られている[*5]．

[*5] 正八面体型錯体における配位子場の強さと多重項エネルギーとの関係性を図解した田辺-菅野(Tanabe-Sugano)ダイアグラムが，実験結果を解釈する際に広く利用されている．

第6章
結晶の電子構造—模式図

　第4章で，原子の組み合わせとして最も単純な2原子分子の電子構造の導出方法と，その化学結合状態の概要を学んだ．第5章では，簡単な単核遷移金属錯体の電子状態を学んだ．実際の材料科学が対象とする物質の電子構造は，これらほど単純ではないが，とはいえ物質は高々100種あまりの元素の組み合わせで構成されている．これらの構成元素の原子に束縛された電子は原子オービタルの組み合わせにより近似的に表すことができ，隣接原子間の相互作用は，これまで学んだような形で記述できる．あとは，原子の数が増えても，組み合わせの数が増えるだけである．反復計算は計算機に任せればよい．系が複雑になることにいたずらに神経質になる必要はない．

　常に重要なのは，対象となる物質について定性的な電子構造のイメージを持つことである．これがなければ，複雑な系の電子構造を実験，あるいは理論計算から導出しようとしたときに，とんでもない間違いをおかすことになる．

　本章では，まず単体結晶，次に化合物結晶の電子構造を模式的に理解することを目指す．

6.1　単体結晶の電子構造

　単体結晶，つまり一種類の構成元素から成り立っている結晶のうち，最も簡単なものとして水素の結晶を考えてみる．実際の水素について以下のような分子や結晶が安定に存在するわけではなく，あくまで思考モデルとして考える．

　第4章で見たように，H_2分子の電子状態としては，結合と反結合のオービタルがあり，H_2分子では，結合オービタルを上向きと下向きスピンの合計2電子が占有して満杯となり，反結合オービタルは電子が占有していない（図6-1）．

　次にこのH_2分子が2つ直線的に並んだH_4分子を考えてみる．2つのH_2分子が遠く離れているときには，それぞれのH_2分子の間には相互作用はなく，2つ併せた系でのエネルギー固有値は，それぞれの分子の場合と同一である．2分子

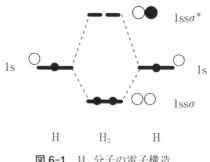

図 6-1 H_2 分子の電子構造.

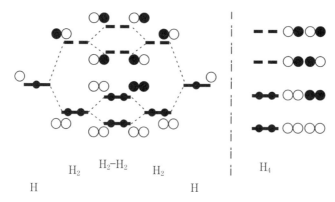

図 6-2 2つの H_2 分子から H_4 分子を形成(図の上が高いエネルギーに相当).

の距離が近づくと，各分子の分子オービタルの位相により，**図 6-2** に示すように，異なったエネルギー固有値をとるようになる．両分子が同じ位相を持つ場合に，分子同士で向かい合った原子間の相互作用が結合的となり，最も安定な電子分布を作る．これに対し，両分子が逆位相の分子オービタルを示す場合は，分子同士で向かい合った原子間の相互作用は反結合的となり，さきの場合に比べてエネルギーが高くなる．同様の位相の影響は，H_2 分子の反結合オービタルにも現れ，2種類のエネルギー固有値となる．

　直線 H_4 分子の電子構造は，その延長線上で考えることが可能である．図 6-2

の右に示したように，構成H原子の1sオービタルの位相の違いによって，エネルギー固有値が異なる．直線H_4分子の中には，隣接原子間だけの相互作用を考えると3本の結合があることになるが，エネルギーの低い状態から順に，結合と反結合の数の比が，3:0, 2:1, 1:2, 0:3となっている．

この直線状のHの鎖をH_4, H_8, H_{16}と伸ばすと，分子オービタルの数は原子オービタルの数(永年方程式の次数)だけ生成する．今1つのHあたり1つの原子オービタル(1sオービタル)だけを考えているので，H_4, H_8, H_{16}では，それぞれ4, 8, 16個の分子オービタルの固有値が得られる．この分子オービタルをそれぞれ4, 8, 16個の電子でエネルギーの低いものから順に占有させると，各分子オービタルには2つずつ電子を収容可能なので，ちょうど下半分の状態が占有される．模式的には**図6-3**のようになる．また以上の議論の類推から，鎖の構成原子数を無限大にした場合に図6-3(右)のようになることが理解できよう．無限大に近い原子数を持つ結晶では，このような電子構造になっていると想像できる．

図6-3の議論は1次元の原子鎖についてであった．原子の並びが2次元，3次元となると電子状態はそれに対応して変化するが，模式図の上では同じもので表現することができる．

水素以外の電子についても，単体結晶の電子構造の模式図は同様に作成できる．このときに，どのオービタルを表示しなければならないという決まったルー

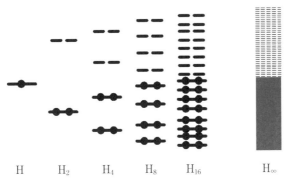

図6-3 水素原子の1次元の鎖の電子構造の模式図．

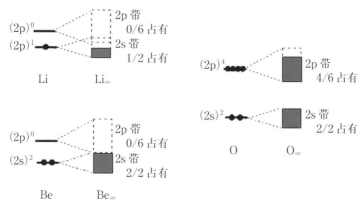

図 6-4 Li，Be，および O 単体結晶の電子構造の模式図．

ルはないが，直接的に化学反応や物性に関与するオービタルのみを表示するのが普通である．**図 6-4** には，第2周期元素である Li，Be と O の単体結晶の電子構造を模式的に示した．閉殻である 1s オービタルは示さず，化学結合に関与する 2s と 2p オービタルだけを示してある．図からわかるように，2s と 2p オービタルはそれぞれ隣接原子に属する電子との相互作用に起因して幅を持つようになり，それぞれ 2s 帯，2p 帯と表示してある．それぞれの帯の中での電子の占有率は，もとの原子オービタルでの占有率と同一である．例えば，Li の 2s オービタルは 1/2 占有なので，2s 帯の占有率も 1/2 となる[1,2]．

---

[1] 2s と 2p オービタルのエネルギー間隔は，Li，Be，O の順に大きくなる．図 6-4 は実際の原子についての結果を反映させたものであるが，定量的ではない．

[2] 第4章において，Be_2 分子では，2s オービタルから構成される結合オービタルと反結合オービタルがそれぞれ完全に占有され，したがって安定な Be_2 分子は形成されないことを述べた．これに対し，Be の単体結晶は HCP 型結晶構造の金属として実在する．これは図 6-4 に示すように，2s 帯と 2p 帯がわずかに重なり結合オービタルがわずかに占有されるためである．実際の HCP 構造の電子構造は，第9章の図 9-2 に示す．

6.2 単純金属酸化物結晶の電子構造

単純金属元素の酸化物結晶の電子構造のモデルとして2原子MgO分子をとり上げてみる．その電子構造は，図4-14で議論したものに比べ，原子オービタルを2種類ずつ考えなければならないので，少しだけ複雑になる．Mg原子とO原子のそれぞれの電子配置と原子オービタルのエネルギーを考慮すると，2原子MgO分子の電子構造は**図 6-5**に示すものになる．その結果，MgからOへの電荷移行が生じ，形式的にはMgは+2価，Oは-2価となり，イオン結合的な相互作用を示すようになる．

次に，酸化マグネシウムMgO結晶について考える．これはMgO分子が凝集したものと考えてもよいが，MgとOそれぞれの単体結晶が合体したものと考えてみよう．酸化マグネシウム結晶は，岩塩型構造を持つ．この結晶構造では**図 6-6**に示すように，Mg原子が面心立方格子(FCC)を作っているが，O原子だけを取り出しても，やはり面心立方格子(FCC)を作っている．これら構成原子の作る構造を**副格子**(sublattice)と呼ぶ．

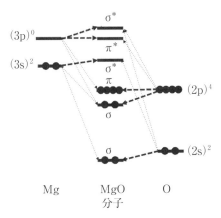

図 6-5 2原子MgO分子の電子構造の模式図．図中の点線は結合・反結合の相互作用を示す．太い破線は，主要な成分であることを示す．

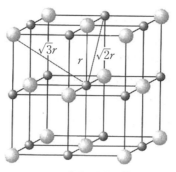

図 6-6 岩塩型結晶構造.

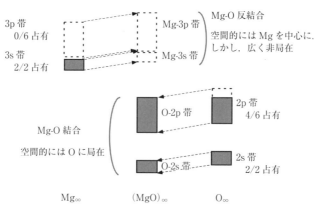

図 6-7 酸化マグネシウム MgO 結晶の電子構造の模式図.

　MgO 結晶の電子構造は，Mg 結晶と O 結晶の組み合わせとして模式的に考えることができる．その結果を**図 6-7** に示す．

　酸化マグネシウム MgO でも，2 原子 MgO 分子と同様に Mg と O がそれぞれ形式電荷 +2，−2 となり，O-2p 帯までが電子で完全に占有されている．非占有帯の底は Mg-3s 帯の底になっている．この O-2p 帯の最高準位と Mg-3s 帯の最低準位の間隙には，電子の準位は存在しない．これは，電気絶縁性の結晶の特徴で，この間隙を半導体科学では**禁制帯**あるいは**バンドギャップ**(band gap)と呼んでいる．ヒトの眼にとって可視光は 1.6 eV〜3.3 eV (770 nm〜380 nm) 程度で

6.2 単純金属酸化物結晶の電子構造

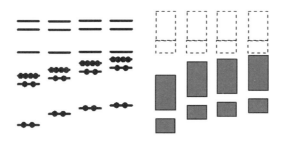

図 6-8 Mg カルコゲナイド結晶の電子構造の模式図.

あり，バンドギャップが 3.3 eV より大きい物質は，ヒトには透明に見える.

図 6-8 に MgO の酸素が，元素の周期表（図 3-21）で縦に並ぶ S, Se, Te と他のカルコゲン X に変わった場合の電子構造を模式的に示す．周期表の下に行くほど，Mg の 3s オービタルとカルコゲン X の価電子の p オービタルとのエネルギー差が小さくなり（電気陰性度差が小さくなり），図 4-14 における議論からわかるように，Mg と X の共有結合が強くなる．その結果結晶では，バンドギャップが小さくなる．

例題

図 6-5 に電子構造を示した 2 原子 MgO 分子について，各準位の分子オービタルの形を模式的に示しなさい．各準位の分子オービタルの 2 乗 $|\psi(r)|^2$ を**部分電子密度**と呼び，対応する電子の空間分布を表す．O-2p オービタルに由来する分子オービタルの部分電子密度の和について，空間分布を模式的に描きなさい．また Mg-3s オービタルに由来する分子オービタルは非占有であり，その 2 乗 $|\psi(r)|^2$ を**部分電子密度（非占有）**と呼ぶことにする．この空間分布も模式的に描きなさい．

解

図 6-9 のようになる.

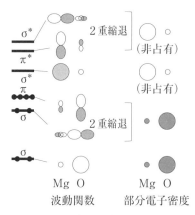

図 6-9 2 原子 MgO 分子の分子オービタルの模式図.

O-2p オービタル由来の分子オービタルのうち，2 重縮退しているものは，Mg-3s オービタルと結合・反結合の相互作用ができない(図 4-10 参照). これら O-2p オービタル由来の 3 つの分子オービタルの部分電子密度の和は，表 3-1 に示した p オービタルの角度成分の具体形から，

$$\left(\frac{x}{r}\right)^2 + \left(\frac{y}{r}\right)^2 + \left(\frac{z}{r}\right)^2 = 1$$

であり，球形となる．

例題

MgO 結晶について，O-2p 帯(価電子帯)の部分電子密度の和と，Mg-3s+3p 帯(伝導電子帯)の部分電子密度(非占有)の和の空間分布を，結晶の原子を含む面の(100)断面図として模式的に描きなさい．

解

図 6-10 のようになる．

6.3 遷移金属酸化物結晶の電子構造　　　101

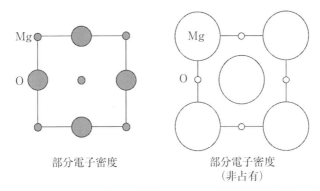

図 6-10　MgO 結晶の O-2p 帯(価電子帯)と Mg-3s+3p 帯(伝導電子帯)の部分電子密度の和の空間分布(模式図).

6.3 遷移金属酸化物結晶の電子構造

　MgO と同様に岩塩型構造をとる TiO の電子構造を模式的に示したのが**図 6-11** である．酸化チタン(Ⅱ)結晶では，Ti と O がそれぞれ形式電荷 +2，−2 であり，O-2p 帯までが完全に占有されているが，Ti-3d+4s 帯は $2/(10+2)$ だけを占有するようになる．

　酸化チタン(Ⅳ)結晶で Ti が 6 配位の場合は，第 5 章で示したような Ti-3d オービタルの t_{2g} (占有率 0/6) と e_g (占有率 0/4) への配位子場分裂が顕著に見ら

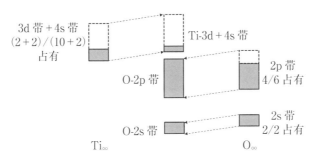

図 6-11　酸化チタン(Ⅱ)TiO 結晶の電子構造の模式図.

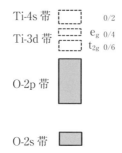

図 6-12 酸化チタン(Ⅳ)TiO₂ 結晶の電子構造の模式図.

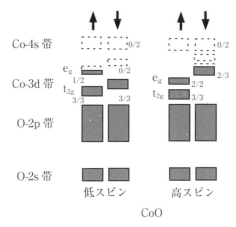

図 6-13 酸化コバルト(Ⅱ)CoO 結晶の電子構造の模式図.

れるようになる(**図 6-12**). TiO および TiO₂ の定量的な電子状態は第 9 章の図 9-13 および 9-14 に示している[*3].

dオービタルのスピン分極が顕著な場合には,錯体の場合と同様に,高スピンと低スピンの配置が可能になる.酸化コバルト(Ⅱ)についての2種のスピン配置での電子構造を模式的に**図 6-13**に示す.

[*3] 酸化チタン(Ⅱ)は金属的な電気伝導を示すのに対し,酸化チタン(Ⅳ)は完全結晶の場合は絶縁体である.

第7章
結晶の電子構造―バンド計算法

　第6章で模式的に示した結晶の電子構造を，本章ではバンド計算法と呼ばれる方法を用いて記述する．第4章で述べた分子オービタル法と本章で述べるバンド計算法とのつながりを理解してほしい．

7.1　水素原子の1次元の鎖―有限長さから無限長さまで

　6.1節で述べた水素原子の1次元の原子の鎖を再びとり上げる．その電子構造の模式図は図6-3に示したとおりである．**図7-1**には，この水素原子が2個，3個，4個と並んだときの分子オービタルを示した．

　原子間隔をa，原子数をNとすると，これらの分子オービタルは，水素の1sオービタルの単純和が，原子列の左右端からaだけ離れたところに節を持つ正弦波(サイン波)で変調されたものと近似することができる．この正弦波の波

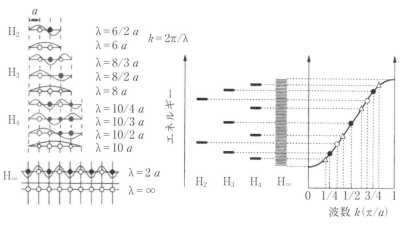

図7-1　1次元の水素原子鎖の電子構造．

長は $\lambda_n = \dfrac{2(N+1)a}{n}$ で与えられる $(n=1,2,\ldots,N)$. よって左から t 番目の原子における正弦波の位相は，$\sin\left(\dfrac{2\pi}{\lambda_n}ta\right)$ となるので，分子オービタルは次式で表される．

$$\psi_n(x) = \frac{1}{A}\sum_{t=1}^{N}\sin\left(\frac{2\pi}{\lambda_n}ta\right)\chi(x-ta) \tag{7-1}$$

$\chi(x-ta)$ は左から t 番目の原子の $1\mathrm{s}$ オービタルを意味する $(t=1,2,\ldots,N)$. $\dfrac{1}{A}$ は規格化定数である．

式(7-1)は，波数 $k_n = \dfrac{2\pi}{\lambda_n}$ を用いて

$$\psi_n(x) = \frac{1}{A}\sum_{t=1}^{N}\sin(k_n ta)\chi(x-ta) \tag{7-2}$$

と表すことができる．

式(7-2)の波長 λ_n の上限値は原子数 N に伴って増加し，N が巨視的な数となる場合，$n=1$ のとき $k_n=0$ に，$n=N$ のときに $k_n=\pi/a$ に漸近し，事実上 k_n が 0 から π/a の間で連続的に分布することになる．**バンド計算法**(band structure calculation)[*1] では，N が巨視的な数であることを前提として，連続した波数 k を用いて結晶の波動関数を記述する．

まず分子オービタル法の延長線で結晶の電子構造を記述するタイプのバンド計算法について述べる．これは **LCAO**(linear combination of atomic orbital)**法**と呼ばれる1つのバンド計算法である．さきに1次元の水素原子鎖の分子オービタルを式(7-2)で表したが，N が巨視的な数で，波数 k が連続と考えられる場合，1次元に水素原子が周期的に並んだ結晶中の波動関数を

$$\psi_k(x) = \frac{1}{A}\sum_{t=-\infty}^{\infty}\exp(ikta)\chi(x-ta) \tag{7-3}$$

[*1] 図7-1に示すように $N=\infty$ で k が連続的に分布する場合にエネルギー固有値は離散的でなく，帯(バンド)を形成する．これがバンド計算法の語源である．

7.1 水素原子の1次元の鎖—有限長さから無限長さまで

と表すことができる.分子では波動関数は$\psi_n(x)$ $(n=1, 2, ..., N)$で表したが,結晶では連続な波数kを用いて$\psi_k(x)$ $(0 \leq k \leq \pi/a)$と表す.これまで分子オービタルの波動関数を実数型で表し$\psi(x) = \psi^*(x)$であったが,結晶中の波動関数を表す場合には複素数型を用い,一般に$\psi_k(x) \neq \psi_k^*(x)$である.

式(7-3)において,$k=0$のとき

$$\psi_{k=0}(x) = \frac{1}{A} \sum_{t=-\infty}^{\infty} \chi(x - ta) \tag{7-4}$$

となる.この波動関数については,すべての原子オービタルが同位相で重なり合う.一方,$k = \pi/a$のときは,

$$\psi_{k=\frac{\pi}{a}}(x) = \frac{1}{A} \sum_{t=-\infty}^{\infty} (-1)^t \chi(x - ta) \tag{7-5}$$

となり,すべての隣り合う原子オービタルが逆位相になっている.

波動関数のエネルギー固有値ε_kは,波数kに応じて変化する.このε_kとkとの関係を**エネルギー分散関係**(energy dispersion relation)あるいは**バンド構造**(band structure)という.原子オービタルとしてsオービタルを考えた場合,エネルギー分散関係は**図 7-2**に示したものになる(導出は付録 3 参照).$k=0$からπ/aに向けてε_kは単調に増加している.一方,原子オービタルとしてp_xオービタルを考えた場合,図 7-2 に示すように,$k=0$からπ/aに向けてε_kは単調に

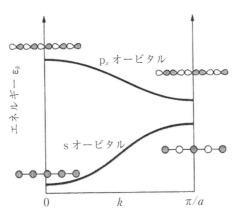

図 7-2 1次元に水素原子が周期的に並んだ結晶のエネルギー分散関係.

減少する．これはsオービタルと逆に，$k=0$で隣接原子同士が反結合，$k=\pi/a$ で結合状態となるためである．

7.2 ブロッホの定理

前節で，1次元に水素原子が周期的に並んだ結晶(原子間隔a)の波動関数を，波数kが連続と見なして式(7-3)で記述した．シュレディンガー方程式は原子単位系で次のようになる．

$$\left(-\frac{1}{2}\frac{d^2}{dx^2}+V(x)\right)\psi_k(x)=\varepsilon_k\psi_k(x) \tag{7-6}$$

図7-3に示すように，間隔aで続く1次元結晶では，電子のポテンシャル$V(x)$と電子密度$|\psi_k(x)|^2$は，双方ともに間隔aの周期を持っているはずである．すなわち

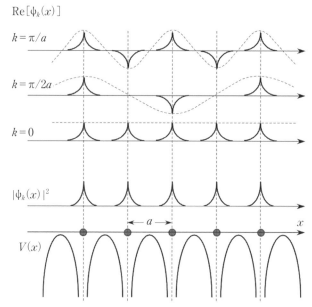

図7-3 1次元に水素原子が周期的に並んだ結晶の電子構造．$\mathrm{Re}[\psi_k(x)]$は波動関数の実数部分を示す．

7.2 ブロッホの定理

$$V(x+a) = V(x) \tag{7-7}$$
$$|\psi_k(x+a)|^2 = |\psi_k(x)|^2 \tag{7-8}$$

である．ここで電子密度 $|\psi_k(x)|^2$ は実数であり，式(7-8)を満たすのに対し，波動関数 $\psi_k(x)$ は複素数であり，図7-3にも示すように，一般的には $\psi_k(x+a) \neq \psi_k(x)$ であり，

$$\psi_k(x+a) = \exp(ika)\psi_k(x) \tag{7-9}$$

となる．複素数 $\psi_k(x)$ に $\exp(ika)$ を掛けても，複素平面上で回転するだけであり，その絶対値は変化しない．したがって式(7-9)は，式(7-8)を常に満足している．

また式(7-9)の別の表現法として，式(7-10)のように，波動関数を周期関数 $u(x)$ と $\exp(ikx)$ の積の形で書き表すこともできる．

$$\psi_k(x) = \frac{1}{A}\exp(ikx)u(x) \tag{7-10}$$
$$u(x+a) = u(x) \tag{7-11}$$

$u(x)$ はポテンシャル $V(x)$ と同じ周期 a の関数である．$\frac{1}{A}$ は規格化定数．式(7-9)あるいは，式(7-10)と式(7-11)は結晶の電子状態を議論する上で出発点となる重要なもので，これを**ブロッホの定理**(Bloch's theorem)と呼ぶ．またこれが成り立つとき波動関数 $\psi_k(x)$ を**ブロッホ関数**(Bloch function)，k を**ブロッホ波数**(Bloch wave number)と呼ぶ．

さきに述べた分子オービタル法の延長線上で結晶の波動関数を表した式(7-3)を再度見てみよう．

$$\psi_k(x) = \frac{1}{A}\sum_{t=-\infty}^{\infty}\exp(ikta)\chi(x-ta) \tag{7-3}$$

$$\psi_k(x+a) = \frac{1}{A}\sum_{t=-\infty}^{\infty}\exp(ikta)\chi(x-(t-1)a)$$

$$= \frac{1}{A}\sum_{t=-\infty}^{\infty}\exp(ik(t+1)a)\chi(x-ta) = \psi_k(x)\exp(ika)$$

であるから，式(7-3)はブロッホの定理を満足していることがわかる．この式(7-3)のことを原子オービタル $\chi(x)$ の**ブロッホ和**(Bloch sum)と呼ぶ．このブロッホ和は原子オービタルの線形結合であり，それを用いて結晶の電子構造を記述するバンド計算法の場合をLCAO法と呼んでいるのである．

7.3 バンド計算法

7.1節では，結晶の電子構造を分子の延長線上で考えた．本節では全く別の観点から結晶の電子構造を取り扱ってみよう．ナトリウムのような典型元素の単体は金属であり，電気伝導などの様々な性質が，自由電子モデルでよく説明できる．このような場合には，結晶は図7-4に示すように，イオンから構成される格子系と自由電子的な価電子系とに分けて考えることができる．

(1) 自由電子モデル

最も単純な近似として，ポテンシャルVが巨視的な周期的境界条件のもとで一定値をとる場合を考えよう．これは，2.3節で述べた円環中の電子と同じ状況である．一定値のポテンシャルをゼロとすると，1次元のシュレディンガー方程式は，

$$-\frac{1}{2}\frac{d^2}{dx^2}\psi_k(x) = \varepsilon_k \psi_k(x)$$

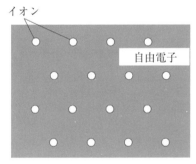

図7-4 単純金属結晶の自由電子モデル．

であり，これを満たす波動関数は，式(2-11)のように

$$\psi_k(x) = \frac{1}{A}\exp(ikx) \tag{7-12}$$

となり，$\varepsilon_k = \frac{1}{2}k^2$ である．

電子密度は，

$$|\psi_k(x)|^2 = \frac{1}{A^2}$$

と，いたるところで一定値になる．$\frac{1}{A}$ は波動関数の規格化定数であり，$L(=Na)$ を巨視的な1次元の周期とすると，

$$\int_0^L \psi_k^*(x)\psi_k(x)\,dx = \frac{L}{A^2}$$

であるので，$\frac{1}{A} = \frac{1}{\sqrt{L}}$ である．これが1次元結晶中の自由電子の波動関数である．この波動関数は任意の k の値を持つことができる．

図7-4 からわかるように，このモデルはイオンを含んでいるにも関わらず，その存在を無視しており，原子核近傍で電子が感じる静電ポテンシャルが考慮されていない．したがって現実の結晶とはかけ離れたものに感じられるかもしれないが，固体物理学の体系ではこの自由電子モデルがよく利用される．その理由は表式が簡単なだけでなく，典型金属元素の単体結晶の様々な特性が，原子核近傍の静電ポテンシャルの影響をあまり受けずに自由電子的に振る舞う価電子によって決まるためである．

(2) ポテンシャルが1次元の周期性を持っている場合

次にポテンシャル V が式(7-7)の $V(x+a) = V(x)$ という周期性を持つ場合を考えよう．先述のブロッホの定理を満たす波動関数は，規格化定数を $\frac{1}{A} = \frac{1}{\sqrt{L}}$ とすれば，$\frac{1}{\sqrt{L}}\exp(ikx)$ に周期関数 $u(x)$ を掛けた式(7-10)および式(7-11)で与えられる．

$$\psi_k(x) = \frac{1}{\sqrt{L}} \exp(ikx) u(x) \qquad (7\text{-}13)$$

$$u(x+a) = u(x) \qquad (7\text{-}14)$$

自由電子モデルのときは，$u(x)=1$ である．

次に，式(7-13)の $u(x)$ がどのように表されるかを考えよう．周期的な結晶のポテンシャルを反映した $u(x)$ のような関数は，**フーリエ級数展開**できる．一般に，$f(x+a) = f(x)$ となる周期関数 $f(x)$ は，以下のように表される．

$$f(x) = \sum_{n=1}^{\infty} a_n \sin\left(\frac{2\pi}{a} nx\right) + c_0 + \sum_{n=1}^{\infty} c_n \cos\left(\frac{2\pi}{a} nx\right) \qquad (7\text{-}15)$$

これを指数関数で表すと，

$$f(x) = \sum_{n=-\infty}^{\infty} f_n \exp\left(i\frac{2\pi}{a} nx\right) = \sum_{n=-\infty}^{\infty} f_n \exp(iG_n x) \qquad (7\text{-}16)$$

となる．ここで，$G_n = \frac{2\pi}{a} n$ とおいた．

式(7-14)より $u(x+a) = u(x)$ であるから，u_{G_n} を係数として

$$u(x) = \sum_{n=-\infty}^{\infty} u_{G_n} \exp(iG_n x) \qquad (7\text{-}17)$$

と表すことができる．したがってブロッホの定理を満たす波動関数は

$$\psi_k(x) = \frac{1}{\sqrt{L}} \exp(ikx) u(x) = \frac{1}{\sqrt{L}} \sum_{n=-\infty}^{\infty} u_{G_n} \exp(i(k+G_n)x) \qquad (7\text{-}18)$$

となる．式(7-17)に示すフーリエ級数展開を使った場合，波動関数を求めるということは，与えられたポテンシャルに対して，$\{u_{G_n}\}$ という係数の組を求めるという作業になる．

上述のようなフーリエ級数展開は，結晶の周期的ポテンシャル $V(x)$ にも適用できる．$V(x+a) = V(x)$ という周期性を持つポテンシャルは，同様にフーリエ級数展開すると，V_{G_n} を係数として

$$V(x) = \sum_{n=-\infty}^{\infty} V_{G_n} \exp(iG_n x) \qquad (7\text{-}19)$$

7.3 バンド計算法

と書くことができる.

第4章では,分子オービタルを N 個の原子オービタルの組 $\{\chi_i\}$ の線形結合で表し,リッツの変分法を適用して,式(4-7)のような永年方程式を解くことで,N 個のエネルギー固有値の組 $\{\varepsilon_n\}(n=1,2,\ldots,N)$ と,それぞれに対応する N 個の係数の組 $\{c_i^{(n)}\}(i=1,2,\ldots,N)$ を求めた[*2]. 行列要素の成分 H_{ij} と S_{ij} は,式(4-4)のように既知の原子オービタルの組 $\{\chi_i\}$ から計算できる. この既知関数の組を**ベース関数(基底関数)**[*3]と呼ぶ. 式(7-3)では原子オービタルの組 $\{\chi(x-ta)\}$ がベース関数であった. 式(7-18)では

$$\phi_{k,G_n} = \frac{1}{\sqrt{L}} \exp(i(k+G_n)x)$$

の組がベース関数となる. このとき $\{u_{G_n}\}$ が求めたい係数の組である.

式(4-4)に対応する H_{k,G_n,G_m} と S_{k,G_n,G_m} を,$\{\phi_{k,G_n}\}$ を使って計算すると,

$$H_{k,G_n,G_m} = \frac{1}{2}|k+G_n|^2 \delta_{G_n,G_m} + V_{G_n-G_m} \tag{7-20}$$

$$S_{k,G_n,G_m} = \delta_{G_n,G_m} \tag{7-21}$$

となる(導出は付録4参照). ここで δ_{G_n,G_m} は,クロネッカーのデルタ記号で,$G_n \ne G_m$ のときにゼロ,$G_n = G_m$ のとき1となる.

以上のとおり行列要素が求められたので,永年方程式は次のようになる.

$$\begin{vmatrix} \ddots & \cdots & \cdots & \cdots & \cdots \\ \cdots & \frac{1}{2}|k|^2 + V_0 - \varepsilon_k & V_{G_1} & V_{G_2} & \cdots \\ \cdots & V_{-G_1} & \frac{1}{2}|k+G_1|^2 + V_0 - \varepsilon_k & V_{G_2-G_1} & \cdots \\ \cdots & V_{-G_2} & V_{G_1-G_2} & \frac{1}{2}|k+G_2|^2 + V_0 - \varepsilon_k & \cdots \\ \cdots & \cdots & \cdots & \cdots & \ddots \end{vmatrix} = 0 \tag{7-22}$$

[*2] $c_i^{(n)}$ は,$c_{i,n}$ と記すことと同義であるが,添字が混み合うので,前者のように記した.

[*3] ベース関数は basis function の和訳である. 基底関数と訳されることも多いが,基底状態(ground state)と同じ訳語をあてることによる混乱を避けるために,ここではベース関数と呼ぶことにする.

これを解くことにより，フーリエ展開の項数(ベース関数の項数)ぶんの係数 $\{u_{G_n}\}$ の組が求められる.

改めて自由電子モデルを考えると，自由電子モデルではポテンシャルが一定値 $V(x)=0$ であり，そのフーリエ展開係数 V_{G_n} も，すべてゼロである.したがって，式(7-22)から

$$\frac{1}{2}|k+G_n|^2 - \varepsilon_k = 0$$

すなわち

$$\varepsilon_k = \frac{1}{2}|k+G_n|^2$$

となり，ε_k とブロッホ波数 k とのエネルギー分散関係は，**図 7-5** に示すように異なる $G_n = \frac{2\pi}{a}n$ に対する曲線の組で表される.

ε_k の波数 k に関する周期性から，k の値から $\frac{2\pi}{a}$ の整数倍，つまり，$\frac{2\pi}{a}n$ を差し引きすることで，$k = k' + \frac{2\pi}{a}n$ として，任意の k を (k', n) という

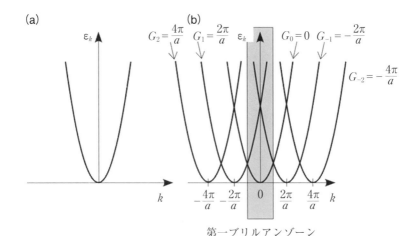

第一ブリルアンゾーン

図 7-5 （a）自由電子のエネルギー分散関係と，（b）自由電子に1次元結晶の周期 a を与えたとき(自由電子モデル)のエネルギー分散関係.

$k'\left(-\dfrac{\pi}{a} \leq k' \leq \dfrac{\pi}{a}\right)$ と整数 n の組に置き換えることができる．この k' の範囲を**第一ブリルアンゾーン**(first Brillouin zone)と呼ぶ．例えばこの範囲を越える $k = \dfrac{3\pi}{a}$ は，$k = \dfrac{\pi}{a} + \dfrac{2\pi}{a}$ として $k' = \dfrac{\pi}{a}$，$n = 1$ に還元できる．これは $\exp\left(i\dfrac{2\pi}{a}nx\right)$ が $u(x)$ と同様に，$u(x+a) = u(x)$ を満たすためであり，

$$u_n(x) = \exp\left(i\dfrac{2\pi}{a}nx\right) u(x)$$

と表せば，式(7-13)を

$$\psi_k(x) = \psi_{k'n}(x) = \dfrac{1}{\sqrt{L}} \exp(ik'x) u_n(x) \tag{7-23}$$

のように書き換えることができ，そのエネルギーは $\varepsilon_{k'n} = \dfrac{1}{2}|k' + G_n|^2$ となる．

図 7-6 には，$G_n = 0 (n=0)$ の場合に注目してブロッホ波数 k が任意の値をと

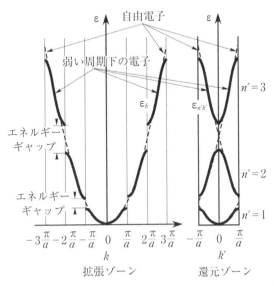

図 7-6　自由電子と弱い周期ポテンシャル下の電子についてのエネルギー分散関係の拡張ゾーンと還元ゾーン表示．

る形式(**拡張ゾーン形式**(extended zone scheme)と呼ぶ)と, k' と n の組をとる $\left(-\dfrac{\pi}{a} \leq k' \leq \dfrac{\pi}{a}\right)$ 形式(**還元ゾーン形式**(reduced zone scheme)と呼ぶ)を比べて示した. 結晶の電子構造を記述する場合には, 還元ゾーン形式で第一ブリルアンゾーンを描くのが通例である. 以下では還元ゾーン形式を用いる. また, エネルギーの低い側から数えたバンドの順番 n' を使って, バンド構造を (k', n') の組, そのエネルギーを $\varepsilon_{kn'}$ で表す. 以下では, とくに k' や n' と表記せずに (k, n) という組で表す.

自由電子モデルから外れてポテンシャルが $V(x) = 0$ と近似できなくなると, ブリルアンゾーン境界においてブロッホ波数 k と ε_k の関係が変化する. 例えば, 式(7-22)において, k と $k + G_1$ の成分だけに注目し, $V_{G_1} = V_{-G_1} = V (\neq 0)$ と置くと, $k = -\dfrac{\pi}{a}$ で $\varepsilon = \dfrac{1}{2}\left(\dfrac{\pi}{a}\right)^2 \pm V$ となる. つまり, 図7-6に示すようにブリルアンゾーンの境界に, ポテンシャルの大きさに比例した($|2V|$)**エネルギーギャップ**(energy gap)ができる. このようなギャップは, 自由電子モデルから外れてポテンシャル V が $V(x+a) = V(x)$ という周期性を持つときに, すべてのゾーン境界に現れる.

(3) 3次元への拡張

3次元結晶について, 実空間での基本並進ベクトルを $(\boldsymbol{a}_1, \boldsymbol{a}_2, \boldsymbol{a}_3)$, 逆格子空間での基本並進ベクトルを $(\boldsymbol{b}_1, \boldsymbol{b}_2, \boldsymbol{b}_3)$ とすると, 任意の格子ベクトルは $\boldsymbol{R}_m = m_1\boldsymbol{a}_1 + m_2\boldsymbol{a}_2 + m_3\boldsymbol{a}_3$ (m_i は整数), 任意の逆格子ベクトルは $\boldsymbol{G}_n = n_1\boldsymbol{b}_1 + n_2\boldsymbol{b}_2 + n_3\boldsymbol{b}_3$ (n_i は整数)で与えられる. そしてブロッホの定理で与えられる結晶中の波動関数は, 以下のように表される.

$$\psi_k(\boldsymbol{r} + \boldsymbol{R}_m) = \exp(i\boldsymbol{k}\boldsymbol{R}_m)\psi_k(\boldsymbol{r}) \tag{7-24}$$

$$\psi_k(\boldsymbol{r}) = \frac{1}{\sqrt{\Omega}} \exp(i\boldsymbol{k}\boldsymbol{r}) u(\boldsymbol{r}) \tag{7-25}$$

$$u(\boldsymbol{r} + \boldsymbol{R}_m) = u(\boldsymbol{r}) \tag{7-26}$$

ここで Ω は1次元での L に対応するもので, 巨視的な結晶体積を示す.

関数 $\exp(i\boldsymbol{k}\boldsymbol{r})$ のことを一般的に**平面波**(plane wave)と呼ぶ. 図7-7に示すよ

7.3 バンド計算法

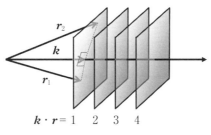

図7-7 平面波の波面.

うに,あるベクトル k と,それに垂直な平面上にある点のベクトル r との間には,内積 kr が一定という関係がある.kr は波の位相を意味し,波数ベクトル k の進行波に垂直な平面は等位相面となる.$\exp(ikr)$ は等位相面が平面となるため平面波と呼ぶ.

3次元結晶の逆格子ベクトル G_n を用いると,式(7-18)および式(7-19)の G_n を G_n に置き換えて,波動関数の周期関数部分とポテンシャルを次式(7-27)および式(7-28)とフーリエ級数展開できる.波動関数の周期関数部分をフーリエ級数展開して表現することを平面波展開と呼ぶ.

$$\psi_k(r) = \frac{1}{\sqrt{\Omega}} \exp(ikr) u(r) = \frac{1}{\sqrt{\Omega}} \sum_{G_n} u_{G_n} \exp(i(k+G_n)r) \qquad (7\text{-}27)$$

$$V(r) = \sum_{G_n} V_{G_n} \exp(iG_n r) \qquad (7\text{-}28)$$

したがって,3次元での永年方程式は,

$$\begin{vmatrix} \ddots & \cdots & \cdots & \cdots & \cdots \\ \cdots & \frac{1}{2}|k|^2 + V_0 - \varepsilon_k & V_{G_1} & V_{G_2} & \cdots \\ \cdots & V_{-G_1} & \frac{1}{2}|k+G_1|^2 + V_0 - \varepsilon_k & V_{G_2 - G_1} & \cdots \\ \cdots & V_{-G_2} & V_{G_1 - G_2} & \frac{1}{2}|k+G_2|^2 + V_0 - \varepsilon_k & \cdots \\ \cdots & \cdots & \cdots & \cdots & \ddots \end{vmatrix} = 0$$

$$(7\text{-}29)$$

となる.これを解くことにより,ベース関数としての平面波の個数ぶんの係数の

組 $\{u_{G_n}\}$ が求められる．これで波動関数が求められたことになる *4．

（4） 空格子近似による2次元および3次元結晶のバンド構造

1次元において周期ポテンシャル $V(x+a) = V(x)$ の影響が無限小の場合，自由電子モデルによるエネルギー分散関係は図7-5のように表された．このような周期ポテンシャルの影響を無限小とするモデルを，格子点に原子が存在しないという近似という意味で**空格子近似**(empty lattice approximation)と呼ぶ．空格子近似は結晶のバンド構造を理解するために便利であるので，ここでは，空格子近似による2次元や3次元の結晶のバンド構造を見てみよう．

空格子近似での2次元正方格子のバンド分散曲線を**図7-8**に示す．横軸の波

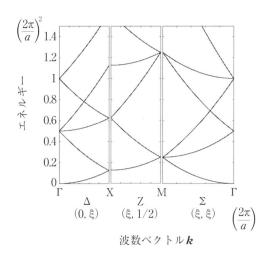

図7-8 2次元正方格子についての空格子近似でのバンド構造．

---

*4　7.1節において，原子オービタルをベース関数として，結晶の電子構造を記述した（LCAO法）．LCAO法は電子構造と化学結合との関係がわかりやすいという特長を持つのに対し，本節で述べた平面波をベース関数とする方法は，ベース関数の数を増やすことで，計算精度を向上させることが可能という特長を持つ．平面波展開の効率を良くするために，擬ポテンシャル法やAPW法，PAW法などの計算方法が開発され，高精度の電子状態計算が行われている．

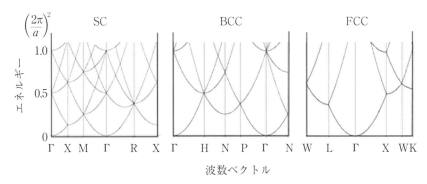

図 7-9 3種の3次元結晶格子についての空格子近似でのバンド構造.

数ベクトルは,還元ゾーン内の波数の組 (k_x, k_y) で表現する代わりに,慣例的にギリシャ文字やローマ字のラベルを付ける.記号の詳細は付録5を参照されたい.図7-8のバンド図の作り方については,付録6に説明した.

同様にして求めた空格子近似での3次元結晶のバンド構造を**図 7-9** に示す（単純立方格子(SC),体心立方格子(BCC),面心立方格子(FCC)）.

7.4 状態密度

ある物質の中で,どういうエネルギー ε を有する電子が,どれだけ存在するか,その分布関数のことを**状態密度**(density of states : DOS)と呼ぶ.エネルギー ε と ε + dε の区間に存在する電子の状態数を $D(\varepsilon)d\varepsilon$ で与えると,$D(\varepsilon)$ が状態密度である.状態密度は,電子の占有・非占有に関係なく,バンド構造によって決まるものである.

まず結晶を巨視的長さ L を1辺とする立方体と考え,その中に閉じ込められた自由電子モデルについて考えよう.このとき波数は k_x, k_y, k_z それぞれについて $\frac{2\pi}{L}$ を単位として等間隔の値をとるので,k 空間における1辺 $\frac{2\pi}{L}$ の立方体が,スピンの自由度を含めて2つの状態に対応する.したがって**図 7-10** に示すように,波数ベクトル $\boldsymbol{k}$ の長さ $k = |\boldsymbol{k}|$ が $[k, k+dk]$ の区間にある状態の数

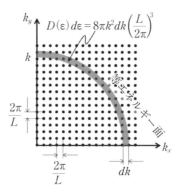

図 7-10 3次元自由電子モデルの波数空間での等エネルギー面の2次元投影図. 黒点は波数空間における状態に対応.

$D(\varepsilon)d\varepsilon$ は，半径 k と $k+dk$ との間にある微小球殻(体積 $dv_k = 4\pi k^2 dk$)に含まれる体積 $\left(\dfrac{2\pi}{L}\right)^3$ の立方体の数の2倍(スピンの自由度)，すなわち $D(\varepsilon)d\varepsilon = 8\pi k^2 dk \left(\dfrac{L}{2\pi}\right)^3$ となる．自由電子モデルでは $\varepsilon = \dfrac{k^2}{2}$ で，$d\varepsilon = kdk$ だから，

$$D(\varepsilon)d\varepsilon = \frac{k}{\pi^2}L^3 d\varepsilon = \frac{\sqrt{2}L^3}{\pi^2}\sqrt{\varepsilon}\,d\varepsilon \tag{7-30}$$

である．このように3次元の自由電子モデルでの状態密度 $D(\varepsilon)$ は $\sqrt{\varepsilon}$ に比例する．

前節で述べた空格子近似は自由電子についてのものであり，周期ポテンシャルの影響がない．したがって，図7-9に描いたバンド構造の状態密度は，結晶格子によらず式(7-30)で与えられる同じものになる．それを**図 7-11** に示した.

一般的に波数空間での等エネルギー ε の面が**図 7-12** のようである場合，$[\varepsilon, \varepsilon+d\varepsilon]$ の区間にある状態の数 $D(\varepsilon)d\varepsilon$ は

$$D(\varepsilon)d\varepsilon = 2\left(\frac{L}{2\pi}\right)^3 \int_S dv_{\boldsymbol{k}} \tag{7-31}$$

7.4 状態密度

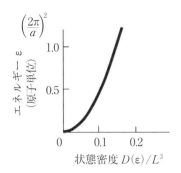

図 7-11 3次元自由電子モデルの状態密度.

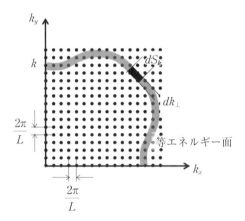

図 7-12 一般的な物質の波数空間での等エネルギー面の2次元投影図. 黒点は波数空間における状態に対応.

で与えられる. ここで $\int_S dv_k$ は等エネルギー ε の面に沿った面積分であり, 体積素片 dv_k は, 自由電子モデルの場合とは異なり, 等エネルギー面上の位置 $\boldsymbol{k}$ に依存する. 体積素片は面積素片 dS_k と, 面に垂直な微小成分 $dk_\perp$ との積であり, $dk_\perp$ は波数空間でのエネルギーの勾配 $\nabla_{\boldsymbol{k}} \varepsilon$ を用いて次式で与えられる.

$$dk_\perp = \frac{d\varepsilon}{|\nabla_{\boldsymbol{k}} \varepsilon|} \tag{7-32}$$

したがって,

$$D(\varepsilon) = 2\left(\frac{L}{2\pi}\right)^3 \int_S \frac{1}{|\nabla_{\boldsymbol{k}}\varepsilon|} dS \tag{7-33}$$

となる.複数のバンドが等エネルギー面に貢献する場合には,それらの和をとり,

$$D(\varepsilon) = 2\left(\frac{L}{2\pi}\right)^3 \sum \int_S \frac{1}{|\nabla_{\boldsymbol{k}}\varepsilon|} dS \tag{7-34}$$

となる.自由電子モデルでは,$|\nabla_{\boldsymbol{k}}\varepsilon| = \dfrac{d\varepsilon}{dk} = k$ であった.

 基底状態において状態密度のエネルギーの低い側から順番に電子を占有させたときに,占有される最高エネルギーのことを**フェルミエネルギー** ε_F(Fermi energy)と呼ぶ.

第8章
密度汎関数論による電子状態計算

　近年の計算機と計算技術の進歩により，量子力学に基づいた高精度な電子状態計算がパーソナルコンピュータを用いて手軽に実行できるようになり，材料科学の様々な問題に適用できるようになってきた．本章では，この発展の基礎となった密度汎関数論と，それにより得られる情報について簡単に述べる．密度汎関数論の詳細に興味がある向きは，「はじめに」の後に挙げた参考書を参照されたい．

8.1　密度汎関数論

　前章までは，多電子系の電子状態をハートレー積（ハートレー法）やスレーター行列式（ハートレー–フォック法）などの形で，波動関数に基づいて記述してきた．これらは，系の N 個の電子の座標 $r_1, r_2, ..., r_N$ すべてを変数とした関数[*1]になる．より一般的には，多電子の波動関数はスレーター行列式の線形結合で表され，電子数が多くなるにつれて，とくに電子間相互作用の計算に非常に大きなコストがかかることが問題である．**密度汎関数論**（density functional theory : **DFT**）では，波動関数の代わりに系の全電子による電子密度 $\rho(r)$ $(\int \rho(r)dr = N)$ を使って電子状態を記述する．電子密度は電子数に関わらず r のみの関数であり，系の電子数が多い場合には問題が飛躍的に簡略化される．

　密度汎関数論の出発点となったのは，**ホーエンベルグ–コーン定理**（Hohenberg-Kohn theorem）である．彼らは多電子系の基底状態での全エネルギー[*2]

[*1]　厳密には，スピンを記述するスピン変数も含まれる．
[*2]　ここでは系の全エネルギーのうち，電子が関わる寄与を意味する．原子核の運動エネルギーと原子核間の静電相互作用エネルギーの寄与は必要に応じて別途考慮する（8.2節，10.8節参照）．

は，基底状態での電子密度 $\rho_0(\boldsymbol{r})$ の汎関数として，つまり $E_{\text{total}}[\rho_0]$ として一意的に与えられることを証明した．汎関数とは $E_{\text{total}}[\rho]$ のように，関数を変数にとる関数のことである．さらに，コーンとシャムは，相互作用を含んだ多電子系と同じ $\rho_0(\boldsymbol{r})$ を与える，多体間相互作用のない仮想的な電子系を利用することで，$E_{\text{total}}[\rho_0]$ を計算する方法を考案した[*3]．それによると，電子系の全エネルギー E_{total} は電子密度 $\rho(\boldsymbol{r})$ の汎関数として次式で与えられる．

$$E_{\text{total}}[\rho] = T_{\text{s}}[\rho] + \int \rho(\boldsymbol{r}) V_{\text{ion}}(\boldsymbol{r}) d\boldsymbol{r} + \frac{1}{2} \iint \frac{\rho(\boldsymbol{r})\rho(\boldsymbol{r}')}{|\boldsymbol{r}-\boldsymbol{r}'|} d\boldsymbol{r} d\boldsymbol{r}' + E_{\text{xc}}[\rho] \tag{8-1}$$

ここで，右辺第 1 項 $T_{\text{s}}[\rho]$ は，多体間相互作用のない仮想的な電子系の運動エネルギーである．これは，後述の一電子波動関数 $\psi_i(\boldsymbol{r})$ を用いて

$$\sum_{i=1}^{N} \int \psi_i^*(\boldsymbol{r}) \left(-\frac{1}{2} \nabla_i^2 \right) \psi_i(\boldsymbol{r}) d\boldsymbol{r}$$

と，各電子の運動エネルギーの単純な和として表せる．第 2 項

$$\int \rho(\boldsymbol{r}) V_{\text{ion}}(\boldsymbol{r}) d\boldsymbol{r}$$

は，電子に働く原子核からの静電ポテンシャルに起因するエネルギー，第 3 項

$$\frac{1}{2} \iint \frac{\rho(\boldsymbol{r})\rho(\boldsymbol{r}')}{|\boldsymbol{r}-\boldsymbol{r}'|} d\boldsymbol{r} d\boldsymbol{r}'$$

は，古典的に取り扱うことができる電子間の静電相互作用エネルギーである．最後の第 4 項 $E_{\text{xc}}[\rho]$ のことを**交換相関エネルギー**（exchange-correlation energy）と呼び，すべての多体間相互作用を取り込んだものになっている．

全エネルギー $E_{\text{total}}[\rho]$ は，$\rho(\boldsymbol{r})$ が正しい基底状態の電子密度の場合に最小となる．したがって変分法を適用することで，次式を得る．

$$\left(-\frac{1}{2} \nabla^2 + V_{\text{ion}}(\boldsymbol{r}) + \int \frac{\rho(\boldsymbol{r}')}{|\boldsymbol{r}-\boldsymbol{r}'|} d\boldsymbol{r}' + v_{\text{xc}}(\boldsymbol{r}) \right) \psi_i(\boldsymbol{r}) = \varepsilon_i \psi_i(\boldsymbol{r}) \tag{8-2}$$

$$v_{\text{xc}}(\boldsymbol{r}) = \frac{\delta E_{\text{xc}}[\rho]}{\delta \rho} \tag{8-3}$$

[*3] 密度汎関数論を構築した業績により，W. コーン（W. Kohn）は 1998 年にノーベル化学賞を受賞した．

8.1 密度汎関数論

この一電子方程式を**コーン-シャム方程式**(Kohn-Sham equation)と呼ぶ．ここで，上述のように多体間相互作用のない電子系を考慮していることから，電子密度は式(8-2)を満たす一電子波動関数$\psi_i(\boldsymbol{r})$を用いて次のように各電子の寄与の単純な和として与えられる．

$$\rho(\boldsymbol{r}) = \sum_{i=1}^{N} |\psi_i(\boldsymbol{r})|^2 \tag{8-4}$$

そこで，まず式(8-2)をセルフコンシステント法(3.5節参照)によって解くことにより，一電子波動関数を得る．すると，式(8-4)により電子密度が得られ，式(8-1)より多電子系の全エネルギーが求められる．第3章のハートレー法やハートレー-フォック法のところで述べたように，多電子系の全エネルギーは，一電子方程式の固有値の和と等しくならない．

このコーン-シャム方程式は，多電子系の電子密度や全エネルギーを求めるために便宜上導入された一電子方程式である．しかし，その固有関数である一電子波動関数と固有値である一電子エネルギーは，系の電子状態を反映していることから，電子状態の議論に頻繁に用いられる．

さて，交換相関エネルギー$E_{xc}[\rho]$は，パウリの原理により同種スピンが避け合うことに起因する交換項と，それ以外の多体効果による相関項に分けられるが，その正確な形を解析的に求めることは困難である．実際の計算においては，この$E_{xc}[\rho]$に**局所密度近似**(local density approximation : LDA)や**一般化勾配近似**(generalized gradient approximation : GGA)による表式を用いる．局所密度近似では，一様な電子気体についての交換相関エネルギーの計算値$\varepsilon_{xc}(\rho)$を用いて，

$$E_{xc}[\rho] = \int \rho(\boldsymbol{r}) \varepsilon_{xc}(\rho(\boldsymbol{r})) d\boldsymbol{r} \tag{8-5}$$

によって$E_{xc}[\rho]$を空間の各点(局所)$\boldsymbol{r}$でのρの値だけで決める．スピン分極を考慮する必要がある場合は，上向きスピンと下向きスピンの2種類の電子密度を用いて交換相関エネルギーを表す．これは，**局所スピン密度近似**(local spin density approximation : LSDA)と呼ばれる．これに対し一般化勾配近似では，$E_{xc}[\rho]$を$\rho(\boldsymbol{r})$のほかに，$\boldsymbol{r}$近傍での$\rho(\boldsymbol{r})$の形状を反映する密度勾配$\nabla\rho(\boldsymbol{r})$にも依存するように取り扱う．スピン分極は，上向きスピンと下向きスピンの電子

密度と密度勾配を用いて考慮される．局所(スピン)密度近似や一般化勾配近似を使うと，分子中の原子間距離や結晶の格子定数が多くの場合 1～2% 程度の誤差で計算できる．一方，分子のエネルギー準位の差や半導体，絶縁体のバンドギャップは大幅に過小評価される．例えば，シリコン(Si)結晶のバンドギャップは実験値の 2/3 程度に計算される．これを改善するため，ハートレー-フォック法の交換項を $E_{xc}[\rho]$ に混合した**混成汎関数**(hybrid functional)が考案され，広く用いられている．混成汎関数におけるハートレー-フォック交換項の寄与は，電子密度ではなく，波動関数を用いて表されるが，コーン-シャム法と類似の手法で多電子系の電子密度および全エネルギーを算出できることが証明されている．これは，**一般化コーン-シャム法**(generalized Kohn-Sham method)と呼ばれる．

また，局所密度近似や一般化勾配近似では，遷移金属イオンの 3d オービタルや希土類元素の 4f オービタルなど，局在性の強い電子状態を十分に表現できない．これを改善するため，上述の混成汎関数のほか，局在化したオービタルにおける電子間の相互作用を近似的に補正した **DFT＋U 法**が使われている．

8.2 原子核に及ぼされる力

材料科学の問題に密度汎関数論による計算が広く利用されるようになったのは，前節で述べた全エネルギーとともに，本節と次節で述べるように，原子核に及ぼされる力と系に及ぼされる応力が精度よく，かつ手軽に計算できることによるところが大きい．

コーン-シャム法では，電子系の全エネルギーは式(8-1)で与えられる．この式では，原子核の動きに対して電子が即座に追随できるとする**ボルン-オッペンハイマー近似**(Born-Oppenheimer approximation)すなわち**断熱近似**(adiabatic approximation)を適用し，ある原子核の配置の下での電子系の全エネルギーを考えている．これに原子核間の静電相互作用エネルギー E_{NN}

$$E_{NN} = \sum_{A \neq B} \frac{Z_A Z_B}{r_{AB}} \qquad (8\text{-}6)$$

を加算的にとり入れることで，系の全エネルギーが得られる．原子の拡散シミュ

レーションなどにおいて原子核の運動をあらわに扱う必要がある場合は，さらに原子核の運動エネルギーも考慮する(10.4, 10.8節参照)．

ある原子核 A の位置ベクトルを $\bm{R}_A$ と記すと，その原子核に及ぼされる力のベクトル $\bm{F}_A$ は，E_{NN} を加えた全エネルギー E の $\bm{R}_A$ での1階微分として次のように与えられる．

$$\bm{F}_A = -\frac{\partial E}{\partial \bm{R}_A}$$
$$= -\int \rho(\bm{r})\frac{\partial V_{ion}(\bm{r})}{\partial \bm{R}_A}d\bm{r} - \frac{\partial E_{NN}}{\partial \bm{R}_A} \quad (8\text{-}7)$$

すなわち原子核に及ぼされる力は，電子密度 $\rho(\bm{r})$ から与えられる静電的引力と，他の原子核から受ける静電的斥力の和で与えられる．これを**ヘルマン-ファインマン力**(Hellmann-Feynman force)と呼ぶ[*4]．

8.3 巨視的な応力および圧力

固体においては，前節で述べた原子核に及ぼされる力のほかに，巨視的な応力を独立に考える必要がある．α, β を直交座標にとった応力テンソルの成分 $\sigma_{\alpha\beta}$ は，全エネルギーをひずみ $\varepsilon_{\alpha\beta}$ で1階微分することで，次式により与えられる．

$$\sigma_{\alpha\beta} = \frac{1}{V}\left(\frac{\partial E}{\partial \varepsilon_{\alpha\beta}}\right) \quad (8\text{-}8)$$

この系に加わっている圧力 p は，応力テンソル $\sigma_{\alpha\beta}$ についての対角成分の和(トレース)を用いて，

$$p = -\frac{1}{3}\sum_\alpha \sigma_{\alpha\alpha} \quad (8\text{-}9)$$

で与えられる．図10-2に圧力を計算した例が示されている．

与えられた系が電子状態計算によって**平衡状態**(equilibrium state)にあるというのは，計算の結果，①構成する原子核に及ぼされる力がすべてゼロになってい

[*4] ハミルトニアンの $\bm{R}_A$ 依存性による力であり，LCAO法のように，ベース関数が $\bm{R}_A$ に依存する場合は，これにピューレイ(Pulay)補正項が加わる．

ることと，②巨視的な応力が外から与えられる応力と釣り合っていることを意味する．第 10 章で述べるように，この①と②を満足するように原子位置や単位胞の格子定数を決めることを，**構造最適化**(structure optimization) と呼ぶ．多くの場合，外から与えられる応力がゼロの下で構造最適化を行い，得られた構造パラメータを計算上の平衡状態での値として用いる．

第9章
結晶の電子構造—密度汎関数バンド計算法による計算例

　第6章では，単体や化合物結晶の電子構造を模式図によって説明した．第7章では，結晶の電子構造を計算するためのバンド計算法の成り立ちを説明した．第8章では，バンド計算を実践するために必要となる密度汎関数論について説明した．本章では，密度汎関数論に基づいたバンド計算法により，具体的な結晶の電子構造を計算した結果について紹介する[*1]．このような計算は，近年になってパーソナルコンピュータで手軽に実行できるようになった．多くの物質についての計算結果がインターネット上にデータベースとして公開されている[*2]．しかし，それらの利用にあたっては，本書にあるような最低限の知識を持っていてほしい．

9.1　自由電子モデルが電子構造のよい近似となる物質　　　—単純金属

　図9-1にNa(BCC)とAl(FCC)について，格子定数の実験値(常圧下)を用いて，一般化勾配近似によるバンド計算により求めたバンド構造図と状態密度を示す．第6章での議論から，Naでは3s帯が1/2占有しており，Alでは3s帯が2/2占有，3p帯が1/6占有することになる．この占有電子状態は，バンド計算結果の状態密度(DOS)で，フェルミエネルギーよりも低い状態に対応している．これらの2つのバンド構造図は，図7-9に示した空格子近似でのBCCとFCCの結果に，それぞれ似ている[*3]．
　また状態密度は図7-11に示すような放物線的な形状を示している．これは，

[*1]　本章での計算結果は，すべて平面波をベース関数としたPAW法(VASPコード)によるものである．
[*2]　代表的なものとしてMaterials Projectがある．https://www.materialsproject.org/
[*3]　本章でのバンド構造図と図7-9とでは，高対称点の並べ方が違うことに注意が必要である．

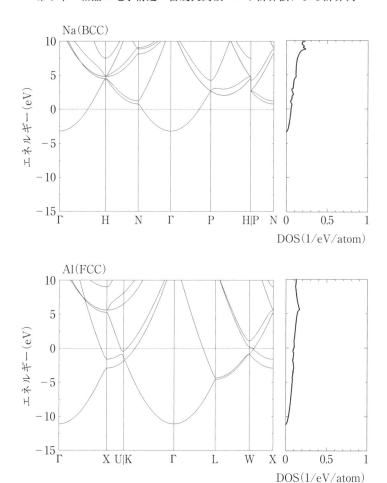

図 9-1 （上）Na(BCC)と（下）Al(FCC)についての密度汎関数バンド計算結果．細線はフェルミエネルギーを示す．

Na(BCC)と Al(FCC)が常圧下では，自由電子モデル（図7-4）が良い近似となる電子構造をもっていることを示している．

図 9-2 には，Li(BCC)および Be(HCP)単体結晶の電子構造を示す．第6章で述べたように，それぞれ2s帯が1/2 および 2/2 占有となるはずである．図6-4

9.1 自由電子モデルが電子構造のよい近似となる物質

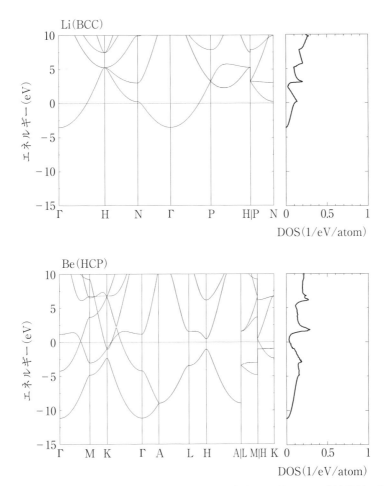

図 9-2 (上)Li(BCC)と(下)Be(HCP)についての密度汎関数バンド計算結果．細線はフェルミエネルギーを示す．

に示した模式図と，実際に計算した状態密度とがよく対応していることがわかる．

9.2 自由電子モデルから大きく離れた電子構造を持つ物質 —遷移金属, 共有結合性物質

　一般に動径成分に節のない原子オービタルは, 同等のエネルギーを持っている原子オービタルで動径成分に節を持つものに比べて, オービタル半径が小さいことが知られている. このように節を持たない原子オービタルは, 1sオービタル, 2pオービタル, 3dオービタル, 4fオービタルである. このようなオービタルのエネルギーが価電子帯にある元素では, 単体物質であっても電子構造は自由電子モデルから大きく離れたものになる. 図9-3 には, Cu(FCC)についてのバンド構造図と状態密度を示す. 価電子帯の底となる $-10\,\mathrm{eV}$ 付近のエネルギー分散曲線の形状は, 図9-1 に示した Al(FCC)の場合に似ているが, 状態密度曲線は全体的に Al(FCC)の場合と大きく相違していることがわかる. これは, バンド分散図において, フェルミエネルギーから数 eV 低いところに, 分散が小さい状態が集中していることが原因である. これは Cu の 3d 電子が主成分となったバンドである. この 3d 電子は Cu-4s や 4p オービタルに比べて原子核近くに局在している, すなわち原子核からの平均距離あるいは原子オービタルの半径が小さ

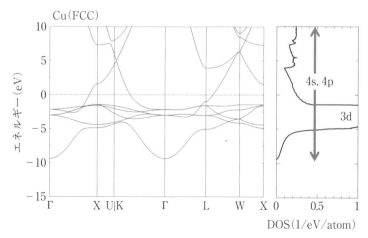

図 9-3　Cu(FCC)についての密度汎関数バンド計算結果.

9.2 自由電子モデルから大きく離れた電子構造を持つ物質　　　131

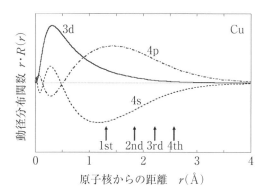

図 9-4 孤立 Cu についての原子オービタルの動径分布関数の空間分布．FCC 結晶での第 1，第 2，第 3，第 4 近接原子間距離の半分を 1st，2nd，3rd，4th と示した．

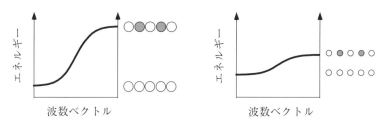

図 9-5 原子オービタルの広がりとバンドのエネルギー分散関係の 1 次元の場合の模式図．原子オービタルは例として s オービタルで示している．

い（**図 9-4** 参照）．

　バンドのエネルギー分散の大きさ，つまりバンドのエネルギー幅は，定性的には構成している元素の電子が結合的な位相を持つときと，反結合的な位相を持つときとのエネルギー差で与えられる．したがって隣接する原子オービタル間の結合・反結合の相互作用の強さに従って，対応するバンドのエネルギー幅は変化する．この原子オービタル間の結合・反結合の相互作用の強さは，**図 9-5** に 1 次元の場合を示したように，原子オービタルの重なりの大きさによって決まる．原子オービタルの半径が小さい場合には，バンドのエネルギー幅は小さくなる．同じ原子オービタル半径の場合でも，原子間距離が離れると事情は同じである．

132　第9章　結晶の電子構造—密度汎関数バンド計算法による計算例

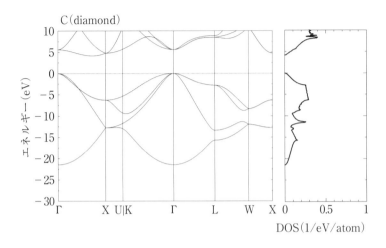

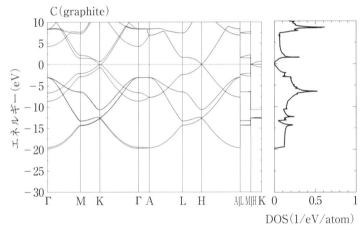

図 9-6　C(ダイヤモンド)とC(グラファイト)についての密度汎関数バンド計算結果.

Cu(FCC)の場合は，4sや4p電子が空間的に広く分布して自由電子的に振る舞っているのに対し，3d電子は原子核近くに局在している．その結果，バンド構造図は，価電子帯の底付近と非占有帯において自由電子的になり，それにエネルギー幅の狭い3d帯が重畳している．

次に，共有結合性が強い物質の代表としてCの2つの構造(同素体)を**図 9-6**

9.2 自由電子モデルから大きく離れた電子構造を持つ物質　133

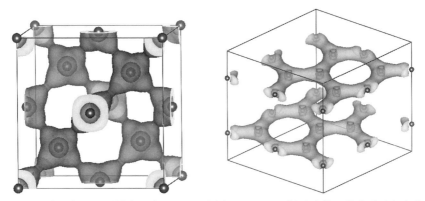

図 9-7 C(ダイヤモンド)とC(グラファイト)についての価電子帯の部分電子密度(図9-6の $-25\,\mathrm{eV}$ から $0\,\mathrm{eV}$ までの波動関数の2乗和).

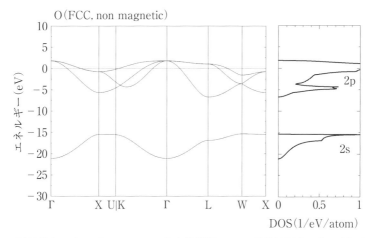

図 9-8 仮想的なO(FCC)についての密度汎関数バンド計算結果(スピン分極を考慮せず, 格子定数は第一原理計算により最適化したものを用いた).

に比べる. ダイヤモンドとグラファイトのCは, それぞれ4配位と3配位で sp^3 および sp^2 と呼ばれる混成オービタルを持つと説明されることが多い. 実際のバンド構造図や状態密度だけからでは, その描像は読み取りにくいが, **図 9-7** に示すように, 価電子帯の部分電子密度は2つの構造で明らかに異なり, sp^3 およ

び sp² と呼ばれる 4 本および 3 本の結合手を持っていることがわかる．

固体酸素は通常の条件では分子性結晶となる．ここでは仮想的に O 原子が FCC 構造を作った場合の電子構造を計算し，結果を**図 9-8** に示す．これは模式的には図 6-4 に示したものである．酸素の 2p オービタルは，遷移金属元素の 3d オービタルと同様に節を持たない原子オービタルであり，原子核近くに局在するためにバンドのエネルギー幅が狭い．

9.3 酸化物結晶の電子構造

典型金属の酸化物絶縁体の代表として，MgO の電子構造を**図 9-9** に示す．6.2 節で模式的に示したように，価電子帯は O-2p オービタルが主成分のバンド（**図 9-10**），伝導帯は Mg-3s と 3p が主成分のバンドから構成され，その間に広いバンドギャップが見られる[*4]．

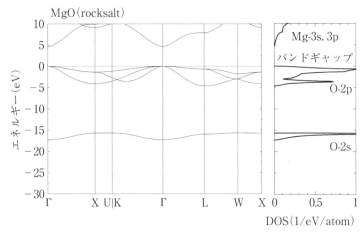

図 9-9 MgO（岩塩型構造）についての密度汎関数バンド計算結果．

[*4] 計算結果は，第 8 章で述べた一般化勾配近似（GGA）によるものであり，近似の性質により半導体や絶縁体のバンドギャップが過小評価されている．なお，近年ではバンドギャップを改善した混成汎関数法などの計算も可能になってきている（8.1 節参照）．

9.3 酸化物結晶の電子構造

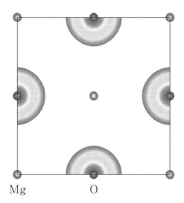

図 9-10 MgO の O-2p 価電子帯（−5 eV〜0 eV）の部分電子密度の (100) 面での投影図. 図 6-10 (左) に模式的に示したものに対応.

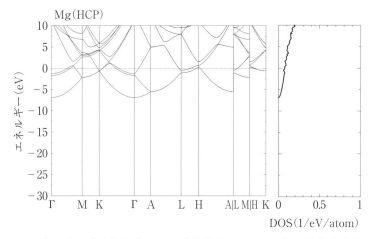

図 9-11 Mg(HCP) の密度汎関数バンド計算結果. 図 9-1 に似た状態密度を示すが, 縦軸のスケールが図 9-1 と異なることに注意.

図 6-7 において，MgO の電子構造を Mg 結晶と仮想的な O 結晶をもとに模式的に示した．**図 9-11** には，Mg(HCP) の電子構造の計算結果を示す．実際に MgO の Mg と O の状態密度が，Mg 結晶と O 結晶のものに定性的に似ているこ

136　第9章　結晶の電子構造—密度汎関数バンド計算法による計算例

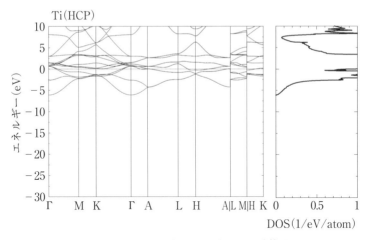

図 9-12　Ti(HCP)の密度汎関数バンド計算結果.

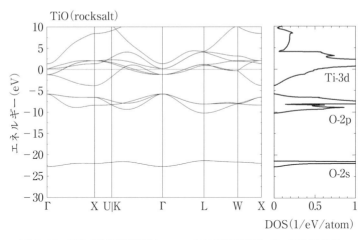

図 9-13　TiO(岩塩型構造)についての密度汎関数バンド計算結果.

と，そして電荷移行が生じて，図 6-7 の模式図のように O-2p が価電子帯に，Mg-3s と 3p が伝導帯になっていることを確認されたい．

　同様に，Ti(HCP)の電子構造の計算結果を**図 9-12** に示した．この Ti が酸化して 2 価となった酸化物 TiO の電子構造を**図 9-13** に示す．TiO は MgO と同じ

9.3 酸化物結晶の電子構造

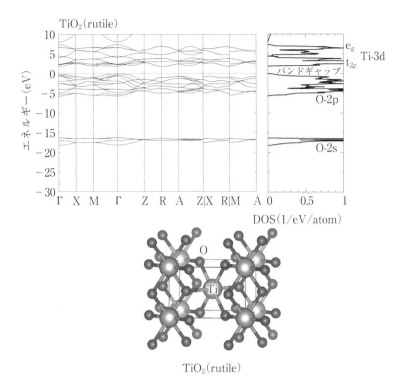

図 9-14 TiO$_2$(ルチル型構造)の構造と，その密度汎関数バンド計算結果．

岩塩型構造を持つ．3d 遷移金属の酸化物の単純金属酸化物との違いは，空間的に局在化した 3d オービタルの存在の有無である．3d 遷移金属の 3d オービタルは配位子場分裂するが，空間的に局在化しているために，4s オービタルに比べてエネルギー幅は小さい．TiO では，Ti と O がそれぞれ形式電荷 +2，−2 となり，O-2p が主成分のバンドが電子で完全に占有されているだけでなく，Ti-3d が主成分のバンドも，2/10 まで占有されている．フェルミエネルギーが，この Ti-3d が主成分のバンドの中間に位置するため，TiO は金属的な電気伝導を示す．

Ti の形式電荷が +4 の酸化物 TiO$_2$ は**図 9-14** に示すルチル型構造を示す[*5]．Ti は 6 つの酸化物イオンを配位している．そのバンド計算結果を併せて図 9-14 に示す．ルチル型構造 TiO$_2$ では Ti は少しひずんだ正八面体配位をとる．電子

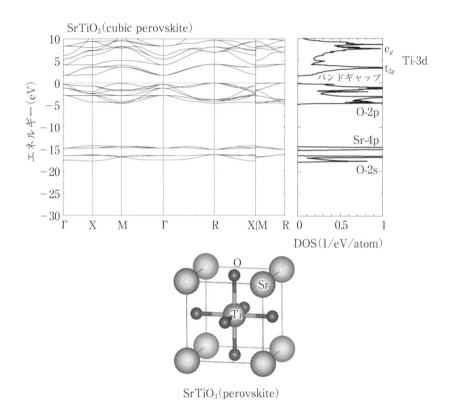

図 9-15 SrTiO$_3$(ペロブスカイト型構造)の構造と，その密度汎関数バンド計算結果.

構造は第 6 章で正八面体配位の場合に模式的に示したものに類似しており，t_{2g} 帯と e_g 帯が見られる．完全占有の O-2p 帯と非占有の t_{2g}(Ti-3d) 帯の間に，バンドギャップが見られる．純粋な TiO$_2$ は絶縁体である．TiO と TiO$_2$ の電子構造の模式図，図 6-11 および図 6-12 と比べられたい．

[*5] TiO$_2$ にはルチル型構造，アナターゼ型構造，ブルッカイト型構造など様々な結晶多形の存在が知られている．ルチル型構造の単位胞には Ti が 2 つと O が 4 つ入っている．岩塩型構造の TiO の単位胞には Ti が 1 つと O が 1 つ入っているため，TiO に比べてルチル型構造の TiO$_2$ ではバンド構造図に表示されているバンド数が多い．

9.3 酸化物結晶の電子構造

4価の Ti を含む複合酸化物である立方晶ペロブスカイト型構造の $SrTiO_3$ の構造とバンド計算結果を併せて**図 9-15** に示す[*6]. $SrTiO_3$ において Sr は形式電荷 +2 であり,Sr-5s や Sr-4d オービタルを主成分とするバンドは非占有である. Ti は立方晶ペロブスカイト型構造においては正八面体配位しており,Sr の寄与を除けば,価電子帯の状態密度は TiO_2 に定性的に似ている.

[*6] Sr の 4p オービタルは完全占有されており,通常は内殻電子として取り扱う.

第10章
第一原理計算の材料科学への応用

　実験値など経験的に得られた値を用いることなしに，量子力学の原理のみに従って行う電子状態計算のことを**第一原理計算**(first principles calculation)と呼ぶ．材料科学は，熱力学・統計力学に立脚して発展してきた．第一原理計算を熱力学・統計力学と組み合わせることで，材料科学への応用が大きく拡大する．計算機と計算技術の進歩により，近年その応用研究が広く行われるようになってきた．本章では，第一原理計算から**熱力学状態**(thermodynamic state)を評価する流れを簡単に述べるとともに，材料科学への応用例をいくつか紹介する．

10.1　統計力学における熱力学関数

　第一原理計算により全エネルギーなどが評価できるが，これは考えている系の**統計集団**(**アンサンブル**，ensemble)の1つの微視的状態についてのものである．熱力学状態を評価するためには，系の微視的状態と巨視的状態との関係を与える統計力学を必要とする．

　熱力学・統計力学においては，ヘルムホルツ自由エネルギーやギブズ自由エネルギーなどの**熱力学ポテンシャル**(thermodynamic potential)が重要な役割を果たす．適切な変数に対して熱力学ポテンシャル(あるいは完全な熱力学関数)がわかれば，ほかの熱力学量を完全に知ることができる．ヘルムホルツ自由エネルギー F とギブズ自由エネルギー G は，内部エネルギー U，エンタルピー H，エントロピー S，温度 T，圧力 p，体積 V を用いて

$$F = U - TS \tag{10-1}$$

$$G = H - TS = U + pV - TS \tag{10-2}$$

で与えられる．

　これらの自由エネルギーと統計力学を結びつけるものが**分配関数**(partition function)(あるいは状態和)である．**正準集団**(**カノニカルアンサンブル**，canonical ensemble)[*1]における分配関数 Z は，系の微視的状態 i のエネルギー E_i を使って，

$$Z = \sum_i \exp(-E_i/k_\mathrm{B}T) \qquad (10\text{-}3)$$

と表される．k_B はボルツマン定数である．分配関数とヘルムホルツ自由エネルギーの間には，次の関係式が成り立つ．

$$F = -k_\mathrm{B}T \ln Z \qquad (10\text{-}4)$$

また，微視的状態 i が存在する確率 α_i は，分配関数を使って，

$$\alpha_i = \exp(-E_i/k_\mathrm{B}T)/Z \qquad (10\text{-}5)$$

で与えられ，系の平均内部エネルギーは，

$$U = \langle E \rangle = \sum_i \alpha_i E_i \qquad (10\text{-}6)$$

となる．後述のように，モンテカルロ計算などにおいては，微視的状態の確率分布に一致するようなアンサンブルを作り，その算術平均として有限温度での内部エネルギーなどを計算する．

　自由エネルギー計算に必要なすべての微視的状態について，第一原理計算からエネルギーを評価することは容易ではない．最も簡単な近似的方法は，温度の寄与を考えず，絶対零度での熱力学量を使って議論することである．これは，微視的状態を1つだけ考えることに対応する．式(10-1)におけるエントロピー項 $-TS$ を無視し，内部エネルギー U の温度依存性を考えないのである．その場合，内部エネルギー U は，第一原理計算による全エネルギーで近似される．例えば，10.2節では，与えられた圧力・化学組成における純物質の最安定な構造を，内部エネルギーを全エネルギーに置き換えた上で，エンタルピーが最小になるものとして求めている．温度の寄与を考える場合にも，第一原理計算をごく一

[*1] 巨大な熱浴との間でエネルギーをやりとりできると見なした系のアンサンブル．NVT アンサンブルともいう．熱浴の熱容量は十分大きく，系の温度は一定であると仮定する．

部の微視的状態に対して行い，系全体(あるいは一部)の有効エネルギー曲面を求め，それを使って必要な微視的状態についてのエネルギーを計算することで熱力学量を評価することが多い．10.4 および 10.5 節に示すフォノン状態に基づく有限温度計算，10.7 節に示す多成分系の有限温度計算などがこれに相当する．

10.2 第一原理計算による構造最適化

第 8 章で述べたように，第一原理計算を実施することで，エネルギー固有値を波数ベクトル k の関数として評価すると同時に，系の全エネルギー，構成原子核に及ぼされる力，巨視的な応力を求めることができる．図 10-1 に構造最適化の手続きを示す．入力した初期構造について第一原理計算を行い，構成する原子核に及ぼされる力がすべてゼロになり，かつ巨視的な応力が外から与えられる応力と釣り合うように原子位置や単位胞の格子定数を決めるのである．つまり，温度の寄与を考えず，与えられた圧力において，エンタルピー $H = U + pV$ が最小になる構造を決める．もちろん $p = 0$ においては，全エネルギーが最小になるものとしてもよい．

N 原子からなる単位胞の結晶構造は，原子座標 $3N$ 個と 3 つの結晶格子ベク

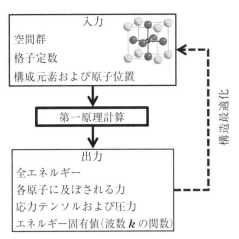

図 10-1　第一原理計算による構造最適化．

トルの要素9個により記述されるが，並進や回転の自由度を除くと，$3N+3$個の要素により記述される．結晶の対称性を拘束条件として考える場合には，さらに自由度が減少する．これらの自由度を変数と見なし，エンタルピーが最小となる点を探す．第8章で見たように，第一原理計算では原子座標に対する全エネルギーの勾配に対応する原子核に及ぼされる力や，結晶格子ベクトルの要素に対する全エネルギーの勾配に対応する応力を計算することができるので，**共役勾配法**(conjugate gradient method)のような勾配を用いた効率的な最適化法が一般的に用いられる．

第一原理計算による全エネルギーの評価は1960年代より試行されてきたが，多様な物質について精度の良い構造最適化が可能になったのは，2000年以降のことである．ハードとソフト両方の進展により，最近は身近な計算機で，このような計算が手軽にできるようになっている．

10.3 第一原理計算による相転移圧力

図 10-2に，ダイヤモンド型およびβスズ型構造の単体シリコン(Si)について，体積を変えて第一原理計算を行うことにより得られた全エネルギーと圧力を示す．温度の寄与を考えない場合，全エネルギーEを結晶の体積Vで微分することで，等方的な圧力pが次式によって与えられる．

$$p = -\frac{dE}{dV} \tag{10-7}$$

ダイヤモンド型構造とβスズ型構造のエネルギーの体積依存性曲線に共通接線を引くと，その傾きから2相の共存圧力，すなわち相転移圧力を求めることができる．言い換えれば，2相のエンタルピーが等しくなる圧力が相転移圧力となる．この計算結果は12 GPaであり，実験値に一致している．圧力がゼロの状態では，ダイヤモンド型構造のほうがβスズ型構造よりも全エネルギーが0.3 eV/atomだけ[*2]低く安定であるが，上記の共存圧力以上では，βスズ型構造のほうが，エンタルピーが低くなる．

[*2] 単位換算　1 eV/atom=96.487 kJ/mol=23.061 kcal/mol=11604 K

10.4 第一原理計算に基づいたフォノン状態と有限温度物性

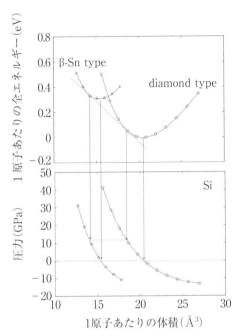

図 10-2 単体シリコン(Si)の2つの結晶構造についての第一原理計算結果の比較.

また図 10-2 のような全エネルギーの体積依存性曲線の平衡格子体積 V_0 における曲率から絶対零度における**体積弾性率**(bulk modulus)が次式で求められる.

$$B = -V_0 \left(\frac{\partial p}{\partial V} \right)_{V=V_0} = V_0 \left(\frac{\partial^2 E}{\partial V^2} \right)_{V=V_0} \tag{10-8}$$

2つ目の等号は温度の寄与を考えない場合に成り立つ.この式によるダイヤモンド型構造およびβスズ型構造の単体シリコンの体積弾性率の計算値は,それぞれ 85 および 101 GPa となる.一般に高圧で出現する相(高圧相)のほうが体積弾性率は高い.

10.4 第一原理計算に基づいたフォノン状態と有限温度物性

ここまでの第一原理計算結果に基づいた議論は,すべて温度の効果をとり入れ

ない，つまり絶対零度のものであった．最近になり，第一原理計算に基づいて，温度の効果をとり入れた物性値予測が可能になってきた．

単体物質や規則配列した化合物結晶の比熱や自由エネルギーの温度依存性の主要な項は，格子振動（フォノン）によるものである．格子振動による熱力学量の温度依存性は，平衡位置からの原子核の変位によるエネルギー曲面により決まる．原子核の変位によるエネルギー曲面は，

$$E = E_0 + \sum_{i=1}^{3N} \left[\frac{\partial E}{\partial u_i}\right] u_i + \frac{1}{2} \sum_{i=1}^{3N} \sum_{j=1}^{3N} \left[\frac{\partial^2 E}{\partial u_i \partial u_j}\right] u_i u_j + \cdots \tag{10-9}$$

と表される．ここで，u_i は原子核の平衡位置からの変位，i は原子の直交座標系での座標成分を表す．この表式の2次の項まで考えることが最も簡単な近似であり，**調和近似**(harmonic approximation)と呼ばれる．また，平衡位置は，原子核の変位に対するエネルギーの極小点であるので，1次微分を含む項はゼロとなる．

フォノン状態を求めるためには，変位に対する2次微分を評価しなければならない．このために第一原理計算から求まる原子核に及ぼされる力（8.2節参照）を利用する．結晶中の1つの原子を平衡位置から微小変位させると，一般に全エネルギーが上昇するとともに，**図10-3**に示すように平衡位置に原子が戻ろうとする復元力が働き，作用反作用の法則により，周囲の原子には復元力に対応した力が働く．これらの原子に働く力から変位に対する2次微分を評価し，エネルギー曲面を求める．これは，原子間のばね定数を系統的に求めることに対応してい

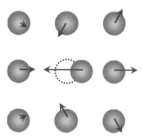

図10-3 結晶中の1つの原子を平衡位置から微小変位させたときに周囲の原子に生じる復元力の方向と大きさ．

10.4 第一原理計算に基づいたフォノン状態と有限温度物性

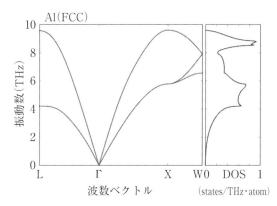

図 10-4 FCC 構造の Al についてのフォノン分散曲線と状態密度の第一原理計算結果[*3].

る．求めたエネルギー曲面を用いて，フォノン振動数をフォノン波数の関数として計算する．同時にフォノン状態密度を求めることができる．

図 10-4 には，FCC 構造の Al についての計算結果を示す．振動数は 0 から 10 THz[*4] の範囲である．FCC 構造は，基本単位胞に 1 つだけの原子を持つので，振動モードは 3 通りとなる．図 10-4 に図示する範囲では波数ベクトル X から W への分枝においてのみ，3 つのモードの縮退が解けている．

図 10-4 (右) に示すようなフォノンの状態密度 (DOS) が求められると，ボーズ-アインシュタイン分布関数を使って，熱的性質の温度依存性を求めることが可能になる．**図 10-5** には，FCC 構造の Al についてのフォノン状態密度から求めたエントロピー，ヘルムホルツ自由エネルギーおよび定積と定圧比熱を示す．フォノンによるヘルムホルツ自由エネルギー F は，

$$F = \frac{1}{2}\sum_{qj} \hbar\omega_{qj} + k_{\mathrm{B}} T \sum_{qj} \ln[1 - \exp(-\hbar\omega_{qj}/k_{\mathrm{B}} T)] \quad (10\text{-}10)$$

と表される．ω_{qj} は，波数ベクトル q での j 番目のフォノンモードの振動数である．第 1 項は零点エネルギーと呼ばれるもので，絶対零度においても不確定性原

[*3] A. Togo and I. Tanaka, Scripta Mater. **108**, 1 (2015).
[*4] 1 THz = 4.136 meV

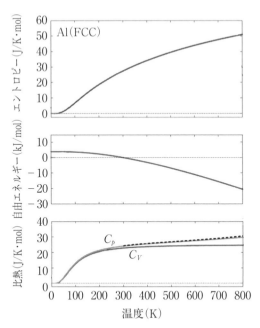

図 10-5 FCC 構造の Al についてのフォノン状態から求めたエントロピー，ヘルムホルツ自由エネルギーおよび定積比熱と定圧比熱．定圧比熱のみ実験結果(破線)と比較してある[*3].

理のために原子が静止しない(零点振動)ことによるものである[*5]．エントロピー S は

$$S = \frac{1}{2T}\sum_{qj}\hbar\omega_{qj}\coth[\hbar\omega_{qj}/2k_\mathrm{B}T] - k_\mathrm{B}\sum_{qj}\ln[2\sinh(\hbar\omega_{qj}/2k_\mathrm{B}T)] \quad (10\text{-}11)$$

定積比熱 C_V は，

$$C_V = \sum_{qj}k_\mathrm{B}\left(\frac{\hbar\omega_{qj}}{k_\mathrm{B}T}\right)^2\frac{\exp(\hbar\omega_{qj}/k_\mathrm{B}T)}{[\exp(\hbar\omega_{qj}/k_\mathrm{B}T)-1]^2} \quad (10\text{-}12)$$

である．定圧比熱 C_p は，次節で述べる擬調和近似によるギブズ自由エネルギーを使って

[*5] 2.1 節で述べた零点エネルギーとは性格が異なる．

10.5 擬調和近似による熱膨張とギブズ自由エネルギー

$$C_p = -T\frac{\partial^2 G}{\partial T^2} \tag{10-13}$$

から求められる．

10.5 擬調和近似による熱膨張とギブズ自由エネルギー

前節で述べた調和近似でのフォノン計算を，体積を変えて実施することで，図10-6(a)に示すようなヘルムホルツ自由エネルギーの体積依存性を，与えられた温度について求めることができる．圧力 $p=0$ のとき，それぞれの曲線の最小値をつなぐことで，図10-6(b)に示すようなギブズ自由エネルギーの温度依存性を求めることができる．これを**擬調和近似**(quasi-harmonic approximation)と

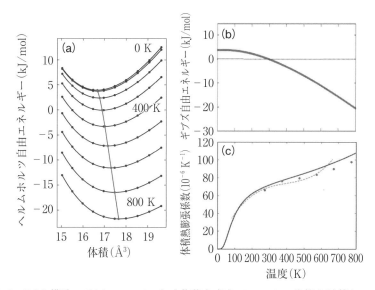

図 10-6 FCC 構造の Al について，(a)体積を変えてフォノン状態を計算し，ヘルムホルツ自由エネルギーを 0 から 800 K の範囲で 100 K おきに計算した結果．(b)求められたギブズ自由エネルギーの温度依存性，(c)体積熱膨張係数(実線が計算結果，破線と●は，それぞれ別個の実験報告値)[3]．

呼ぶ．このとき体積熱膨張係数 $\beta(T)$ は，

$$\beta(T) = \frac{1}{V}\left(\frac{\partial V}{\partial T}\right) \quad (10\text{-}14)$$

を用いて，図 10-6(c)のように求められる．

このように，第一原理計算に基づいてフォノン計算を実施するためのソフトウェアが公開されている*6．

10.6 多成分系における相安定性

前節までは，ある与えられた化学組成の純物質への応用について述べた．2 種類以上の構成元素からなる多成分系において相安定性を議論するためには，基準となる物質との相対的な安定性を知る必要がある．ここでは，この多成分系での相安定性について述べる．材料科学での対象物質は一般に多成分系であり，本節の内容が重要となる．

組成 AB の化合物について，5 種類の結晶構造をとり上げて第一原理計算を行った結果，得られた全エネルギーが**図 10-7** に示すようなものであったとする．簡単のために温度，圧力が共にゼロである場合を想定すると，化合物 AB の最も安定な結晶構造は，この 5 種類の範囲では，「1」の構造である．化合物 AB

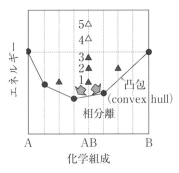

図 10-7 AB 2 元系での生成相の安定性（模式図）．

---

*6 phonopy, https://atztogo.github.io/phonopy/

の生成エネルギーは，単体物質AとBとの相対エネルギーとして定義されることが多い．その場合には，次式で計算される生成エネルギーの正負で相安定性が議論できる．

$$\Delta E[AB] = E[AB] - (E[A] + E[B]) \tag{10-15}$$

図中の「1」から「3」の構造は，このように定義される生成エネルギーが負であり，単体物質AとBの混合状態よりも化合物を生成するほうがエネルギーの利得がある．しかし，A-B 2元系の他の組成についての最安定構造のエネルギーと比較すると，組成ABの構造「1」であっても，A_3B_5とA_5B_3の組成の2種類の化合物の混合状態のほうがエネルギー的に利得があることが理解できる．つまり構造「1」は，A_3B_5とA_5B_3の組成の2種類の化合物に相分離する傾向にある．図に実線で示すのは，各組成での最低エネルギーの凸包(とつほう)(convex hull)である．凸包線上にある化合物は，他のいかなる2種類の化合物よりも安定であることを示している．図中●で示す組成と構造を持つ化合物だけが，凸包線上にあり，平衡状態で相として安定に存在し得る．多元系では，このように注目する系全体で相安定性を議論する必要がある．

様々な化合物について第一原理計算を行い，全エネルギーを求めておくと，図10-7のような相安定性ダイアグラムを図示することが可能である．これは，温度，圧力が共にゼロという条件下での多元系の相図(状態図)に対応するものである．このような第一原理計算をもとにした様々な化合物についての相安定性ダイアグラムが近年データベースとして公開されている[*7]．多くの多元系においては，相平衡についての実験データが乏しく，また新たに実験的に相図を構築するには大きな労力が必要であるため，このような計算データベースは極めて有用である．

10.7　多成分系における固溶体および平衡状態図の計算

前節で多成分系における相安定性を温度がゼロである場合について述べた．多

[*7] 代表的なものが，Materials Projectである．https://www.materialsproject.org/

成分系における有限温度での相平衡を議論する際には，10.4節で述べたフォノンの自由エネルギーへの寄与以外に，混合自由エネルギーを考え，多成分系の構造や自由エネルギーを論じることが必須である．第一原理計算に基づいて多成分系の議論を行うための有効な方法の1つが，**クラスター展開**(cluster expansion)と呼ばれる手法である．

　第一原理計算では，原子の種類と組成を決めた上で，周期的境界条件の下で構造最適化計算を行い，全エネルギーを評価する．原子の種類と組成を決めても，溶質原子の配列(合金配列)は多様であり，それらの全エネルギーはすべて異なる．前述のように，自由エネルギーを計算するために必要な合金配列を網羅的に第一原理計算することは不可能である．そこで，すべての合金配列を網羅的に計算するのではなく，サンプルとして抽出した構造について第一原理計算を行い，合金配列に対するエネルギーの近似関数を求める．近似関数を使うことで，自由エネルギー計算に必要な合金配列のエネルギーを評価する．用いる近似関数は，一般化イジングモデル(磁性体のイジングモデルを一般化したもの)であり，構造に含まれる原子のペアや三角形，四面体といったクラスターを用いてエネルギーを表現する．

　A-B2元系において最近接ペアの相互作用のみを考えた場合，あるモデル構造のエネルギー E は次式のように表現できる．

$$E = e_{AA} y_{AA} + e_{AB} y_{AB} + e_{BB} y_{BB} \tag{10-16}$$

ここで，y_{AA} は与えられたモデル構造における全最近接ペア数に対するAA原子ペアの割合(AAペア濃度)であり，e_{AA} はAA原子ペアの相互作用を表す係数である．式(10-16)には変数が3つあるが，$y_{AA} + y_{AB} + y_{BB} = 1$ であるため，独立な変数は2つである．

　クラスター展開では，通常，各格子点 i での原子種を σ_i というスピン変数を使い，合金配列のエネルギーを表現する．2元系に限定すると，合金配列のエネルギーは，スピン変数の積の平均値の関数となる．例えば，A原子を $\sigma_i = +1$，B原子を $\sigma_i = -1$ とした場合に，格子点 i, j にあるA-A, B-Bペアについてのスピン変数の積は，$\sigma_i \cdot \sigma_j = +1$，A-Bペアについてのスピン変数の積は，$\sigma_i \cdot \sigma_j = -1$ と表される．そして与えられたモデル構造内に存在する原子数およ

10.7 多成分系における固溶体および平衡状態図の計算

びペア数 N_{point}, N_{pair} に対して，これらのスピン変数の積の平均値を $\langle \varphi_{\text{point}} \rangle$ および $\langle \varphi_{\text{pair}} \rangle$ と表す．すなわち

$$\langle \varphi_{\text{point}} \rangle = \frac{1}{N_{\text{point}}} \sum_i \sigma_i, \quad \langle \varphi_{\text{pair}} \rangle = \frac{1}{N_{\text{pair}}} \sum_{ij} \sigma_i \cdot \sigma_j \quad (10\text{-}17)$$

である．これらは，-1 から $+1$ の範囲の値となり，合金配列ごとに固有の値をとる．例えば $\langle \varphi_{\text{pair}} \rangle$ は，与えられた合金配列に関して，ペアの平均的配置を表現したものであり，ペアの**相関関数**(correlation function)と呼ばれる．同種原子のペアが多いほど 1 に近づき，異種原子のペアが多いほど -1 に近づく．これら 2 つの相関関数を変数として用いると，式(10-16)は次式(10-18)と等価である．

$$E = e_0 + e_{\text{point}} \langle \varphi_{\text{point}} \rangle + e_{\text{pair}} \langle \varphi_{\text{pair}} \rangle \quad (10\text{-}18)$$

ここで，e_{point}, e_{pair} は各クラスターの合金配列のエネルギー E への寄与の大きさを表す係数であり，**有効クラスター相互作用**(effective cluster interaction, ECI)と呼ばれる．e_0 は定数項である．ここまでは，原子ペアの相互作用(2 体間相互作用)だけを考慮していたが，3 体，4 体，…と多体間相互作用までとり入れた一般的な場合では

$$E = \sum_{\alpha=1}^{m} e_\alpha \langle \varphi_\alpha \rangle \quad (10\text{-}19)$$

となる．

第一原理計算を行ったサンプル構造の数 n とクラスターの種類の数 m を等しくとり，クラスターの相関関数が一次独立であれば，m 個の ECI を解析的に求めることが可能である．少数の m 個のクラスターで，$n = m$ として ECI を求める方法は簡便であるが，サンプル構造やクラスターの選び方に任意性があり，求められる ECI に系統的な誤差が生じる．したがって，一般的なクラスター展開では，クラスターの選び方や，その数 m，そして第一原理計算を行ったサンプル構造の選び方や，その数 n を，必要となる計算精度と許容される第一原理計算時間を勘案して最適化する．いったんクラスター展開によるエネルギーの近似関数が求められれば，任意の合金配列に対して，新たに第一原理計算を行うこと

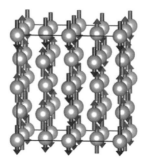

図 10-8 FCC 構造 2 元系 1:1 組成についての 32 原子スーパーセルによる SQS の一例．上向きスピンが A 原子，下向きスピンが B 原子を表している．

なしに，その全エネルギー値を必要精度の範囲で推定することが可能になる．このように第一原理計算とクラスター展開を組み合わせるためのソフトウェアはいくつか公開されている[*8]．

なお**特殊擬ランダム構造**(**SQS**：special quasi-random structures)**法**を用いると，クラスター展開の考え方に基づいて，元素がランダム配置している合金のエネルギーを簡便に推定することが可能である．この方法では，考慮する全クラスターの相関関数が，元素がランダム配置している場合の値にできるだけ近くなるように合金構造を選び出す．**図 10-8** には SQS の一例を示す．この構造は，FCC の 4 原子からなる立方体の単位胞を各軸方向に 2 倍に拡張した 32 原子から構成される**拡張単位胞**(**スーパーセル**，supercell)により表現され，A と B の 2 元素が 1:1 の組成で混合している場合を考えている．さらに，第 1 近接ペアから第 5 近接ペアまでの相関関数がゼロと，完全ランダムの場合と同じになっている．このような SQS は，スーパーセルの大きさや考慮するクラスターの範囲に依存するものであり，一意的に決められるものではない．しかし，ランダム合金の全エネルギーを簡便に推定することができるため，広く利用されている．

クラスター展開によってエネルギーの近似的表現が与えられれば，次のステップは熱平衡状態の計算である．FCC や BCC 合金で単純な相互作用だけを考える

[*8] CLUPAN コード，ATAT コードなど．

10.7 多成分系における固溶体および平衡状態図の計算

場合には，混合エントロピーを解析的に記述する**クラスター変分法**[*9](cluster variation method)が利用できる．しかし原子間の相互作用が複雑でクラスターの項数を多くとらなければならない場合や，非稠密構造，表面・界面の計算などでは**メトロポリス法**(Metropolis method)による**モンテカルロ法**(Monte Carlo method)計算を用い，熱平衡状態の統計平均としての各クラスターの濃度を直接決定することが便利である．この方法により，生成されたアンサンブルについての単なる算術平均として熱平衡状態の統計平均を計算することができる．具体的にはまず数千から数万原子からなるスーパーセルを用いて初期原子配置を作成し，式(10-19)のクラスター展開に従って，そのエネルギー E を求める．次に，乱数により指定したあるサイト i の元素を，別のサイト j の元素と交換し，交換後のエネルギーを再び式(10-19)に従って計算する．この交換前後でのエネルギー変化 δE について，

$\delta E \leq 0$ ならば，この交換を確率 1 で採択する．

$\delta E > 0$ ならば，この交換を確率 $\exp\left(-\dfrac{\delta E}{k_B T}\right)$ で採択する．

この操作を多数繰り返すことにより，温度 T でのアンサンブルが得られる．アンサンブルに対する各クラスターの平均値が各クラスターの熱平衡濃度である．このようなモンテカルロ計算では，クラスター変分法の場合と異なり，混合自由エネルギーの値は陽には算出されない．しかし与えられた温度での各クラスター濃度やエネルギー平均が直接決定できる．モンテカルロ法を用いて混合自由エネルギーを計算する場合には，**熱力学積分**(thermodynamic integration)と呼ばれる方法がよく使われている．この方法では，温度や化学ポテンシャルなどにより設定される経路に沿ってモンテカルロ計算を行い，経路に沿った積分を行う．経路の始点は自由エネルギーが既知である必要があり，自由エネルギーが既知の状態からの自由エネルギー差を積分により評価することで，混合自由エネルギーを求める．

[*9] 菊池良一，毛利哲夫，クラスター変分法—材料物性への応用，森北出版(2010)．

10.8 第一原理分子動力学計算

8.2節で述べたように,第一原理計算から原子核に及ぼされる力が求められる.この力を利用し,古典力学における分子動力学計算を第一原理計算の精度で実施するのが,**第一原理分子動力学計算**(first principles molecular dynamics)である.この計算を効率よく行うことを可能としたのは,1985年のカー(R. Car)とパリネロ(M. Parrinello)の先駆的な仕事である.有限温度での原子の運動を調和近似の仮定なしに定量化することが可能であり,相転移の問題や液体のシミュレーションなど,複雑系の計算に多くの成果を挙げている.

この手法を用いると,原子の拡散シミュレーションを第一原理計算の精度で実施し,拡散経路や拡散係数を評価することも可能になる.**図10-9**には,酸化物イオン伝導度が極めて高い固体として有名な立方晶酸化ビスマス(δ-Bi_2O_3)について,融点直下に対応する$T=1100$ Kで第一原理分子動力学計算を行った結果を示す[*10].図10-9(左)には,次式(10-20)により求められる各構成元素ξの平

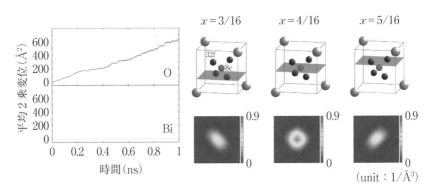

図10-9 立方晶酸化ビスマス(δ-Bi_2O_3)について,$T=1100$ Kでの第一原理分子動力学計算結果.80原子のスーパーセルを用い,時間ステップを2 fsとした.

[*10] A. Seko, Y. Koyama, A. Matsumoto, and I. Tanaka, J. Phys.: Condens. Matter **24**, 475402(2012).

均2乗変位 $\langle r^2 \rangle_\xi$ を示す.

$$\langle r^2 \rangle_\xi = \frac{1}{N_\xi} \sum_i (r_i(t) - r_i(0))^2 \tag{10-20}$$

ここで，$r_i(t)$ は時刻 t での i 番目の原子の位置ベクトル，N_ξ は各構成元素 ξ の数である．図10-9からO原子だけが長距離の拡散を示していることがわかる．このグラフの傾きから，統計力学から導き出される**アインシュタイン-スモルコフスキーの関係式**（Einstein-Smoluchowski relation）

$$D_\xi = \lim_{t \to \infty} \frac{\langle r^2 \rangle_\xi}{6t} \tag{10-21}$$

により，各構成元素 ξ の拡散係数が求められる．この計算の結果は $1.0 \times 10^{-9}\,\mathrm{m^2/s}$ であり，イオン伝導度の実験から評価した酸化物イオンの拡散係数 $0.9 \times 10^{-9}\,\mathrm{m^2/s}$ と極めて近い値となった．図10-9(右)には，1100 K でのシミュレーション時の原子の位置を，分布関数として3つの平面上に投影したものを示している．原子配列図の立方体の角に位置する原子がBiであり，体心位置にあるのが，8cサイトにある酸化物イオンである．酸化物イオンの1100 K での熱振動に強い方向性があり，Bi原子の存在しない立方体の角に近づく方向である32fサイトに分布することが示された．

このような第一原理分子動力学計算は，計算機のハードとソフトの進展により，今後さらに多くの情報を産み出すものと期待される．それと同時に，第一原理分子動力学計算で直接的に取り扱うことのできる範囲は，現段階では単位胞の大きさで最大1000原子程度，計算時間で1 ns程度であり，材料科学で現実的に取り扱うサイズや時間とは大きくかけ離れたものとなっている．したがって，適切な理解のもとで，熱力学や統計力学の枠組を活用して，材料科学の問題解決に挑むことが求められる．

10.9　格子欠陥の構造と電子状態

点欠陥，転位，表面，界面のような格子欠陥は，材料の諸特性を決定する上で重要な役割を担う．その原子・電子スケールでの構造やエネルギーの理解のた

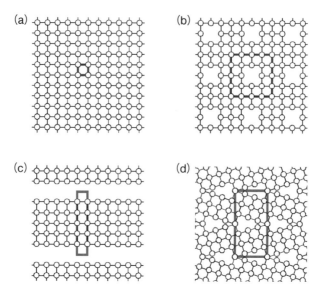

図 10-10 (a)基本単位格子セルと(b)点欠陥(原子空孔),(c)表面,(d)界面(傾角粒界)のスーパーセル.

め,第一原理計算が利用できる.

　バンド計算法で格子欠陥を取り扱う場合は,**図 10-10** のように完全結晶の単位胞を整数倍に拡張したスーパーセルを構築し,その中に格子欠陥を導入する.表面,界面の場合は,スーパーセル内に真空領域を挟んだ2つの表面や2つの界面を導入することで,3次元周期的境界条件に適合させる.転位は,転位列によって形成される小角粒界あるいはミスフィット転位を含むヘテロ界面のスーパーセルによりモデル化できる.

　このようなスーパーセルを用いた計算では,格子欠陥が周期的境界条件の下で繰り返されることになるため,欠陥間に周期性に起因した人為的な相互作用が生じる.このため,スーパーセルの大きさ,すなわち欠陥間距離に対して計算結果が必要とされる精度の範囲に収束していることを確認する必要がある.欠陥が帯電している場合は,欠陥間の静電相互作用が大きな問題となる.これについては,とくに電荷を持つ点欠陥の扱いについて古くから検討がなされており,静電

10.9 格子欠陥の構造と電子状態

相互作用の寄与を補正することで孤立した点欠陥のエネルギーを見積もる方法が提案されている[*11].

　点欠陥に関する最も基本的な情報は，その濃度を与える形成エネルギーである．また，半導体や絶縁体のようにバンドギャップを持つ物質では，点欠陥に由来した電子状態のエネルギーや空間分布などの性質も重要である．このエネルギー準位を，**点欠陥準位**(point-defect level)あるいは単に**欠陥準位**(defect level)と呼ぶ．例えば，半導体において，電子に占有された欠陥準位が伝導帯下端近くに形成されれば，伝導帯にキャリアを励起する**ドナー準位**(donor level)として働き，電気伝導度に寄与する．また，価電子帯上端近くに電子非占有の欠陥準位が形成されれば，**アクセプタ準位**(acceptor level)として価電子帯にホールを励起する．シリコン(Si)やヒ化ガリウム(GaAs)のような典型的な半導体では，ドナー準位やアクセプタ準位をドーパント(不純物)により意図的に導入して電気特性を制御する．一方で，空孔などの物質固有の点欠陥がドナー準位やアクセプタ準位を形成し，電気特性を支配する場合もある．例えば，酸化銅(Cu_2O)や二セレン化銅インジウム($CuInSe_2$)のような Cu(I)の化合物は，Cu 空孔がアクセプタとして働くことで p 型伝導を示す．

　欠陥準位は光学特性にも寄与する．一般に物質は 5.3 節で述べたようにバンドギャップのエネルギー以上の光子エネルギー(波長，色)の電磁波を吸収(吸光)する．これは，価電子帯から伝導帯への電子の遷移に由来する．バンドギャップ中に欠陥準位が形成されると，電子が占有した欠陥準位から伝導帯への電子遷移や，価電子帯から電子非占有の欠陥準位への電子遷移が起こるようになる．例えば，アルカリハライド中の陰イオン空孔は，このメカニズムにより透明な物質に着色をもたらし，**F センター**(F-center)あるいは**色中心**(color center)と呼ばれる．また，物質からの発光の光子エネルギー(波長，色)は，主にバンドギャップの大きさで決まる[*12]が，欠陥が形成されることで，欠陥準位由来の吸光の逆過

[*11] C. Freysoldt, B. Grabowski, T. Hickel, J. Neugebauer, G. Kresse, A. Janotti, and C. G. Van de Walle, Rev. Mod. Phys. **86**, 253(2014) ; Y. Kumagai and F. Oba, Phys. Rev. B **89**, 195205(2014).

[*12] とくに低温においては，電子とホールが相互作用して形成される励起子の寄与が重要になるため，バンドギャップの大きさだけで光子エネルギーが決まるわけではない．

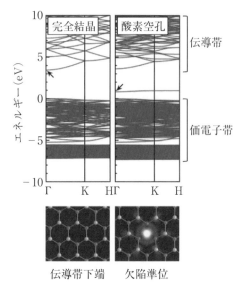

図 10-11 第一原理計算により得られた ZnO 中の中性酸素空孔の欠陥準位．酸素空孔を含んだスーパーセルについてのバンド構造を完全結晶の場合と比較して示す．図(下)には，矢印で示した電子状態の(0001)面での空間分布(電子密度分布)を原子配列と併せて示す．

程のような発光も起こる．

　点欠陥の形成エネルギーは，第一原理計算により得られる全エネルギーを用いて算出できる．10.4 節で述べたフォノン計算を併用することで，形成自由エネルギーを求める試みもなされている．欠陥準位も厳密には全エネルギーを用いて評価すべきであるが，一電子エネルギーからも定性的な理解ができる．**図 10-11** は，酸化亜鉛(ZnO)中の中性の酸素空孔についての一電子エネルギーの計算結果[13]である．酸素空孔に由来した電子状態がバンドギャップ内に形成されていることがわかる．この状態は 2 つの電子に占有されているが，伝導帯下端から大きく離れているため，ドナーとして働かないと考えられる．また，この電子状態

---

[13] F. Oba, A. Togo, I. Tanaka, J. Paier, and G. Kresse, Phys. Rev. B **77**, 245202 (2008).

10.9 格子欠陥の構造と電子状態

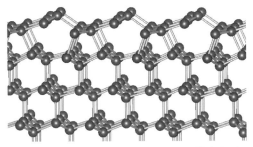

図10-12 第一原理計算により得られた Si(111)2×1 再構成表面における原子配列.

の空間分布から,空孔の位置に電子が強く局在していることがわかる.

転位や表面,界面についても,第一原理計算により欠陥近傍での原子配列や欠陥由来の電子状態が議論されている.**図10-12**に,シリコン(Si)の(111)表面における原子配列の計算結果を示す.(111)表面の単位構造の 2×1 倍の周期を持つ,特徴的な原子配列が見られる.このように結晶内部と大きく異なる原子配列に緩和することを,**表面再構成**(surface reconstruction)と呼ぶ.再構成構造は様々な半導体の表面で観測されている.また,表面では,結合が欠損することに由来した表面特有の電子状態が形成される.そのエネルギー準位を**表面準位**(surface state)と呼ぶ.

図10-13は,薄膜太陽電池に用いられる $CuInSe_2$ と硫化カドミウム(CdS)の(110)ヘテロ界面の構造と界面に平行な各層における電子状態密度の計算結果である[*14].半導体ヘテロ界面を構成する 2 つの物質の価電子帯上端および伝導帯下端の段差は,**バンドオフセット**(band offset)と呼ばれ,電子やホールが界面を横切る際の輸送特性を決める重要なパラメータである.一方で,発光デバイスの量子井戸のように,電子やホールを特定の領域に閉じ込める目的でもバンドオフセットが利用される.ヘテロ界面についての第一原理計算により,このようなバンドオフセット値が見積もられるほか,界面における局所的な電子状態や化学結合に関する知見が得られる.図10-13 に示す $CuInSe_2$ と CdS の界面では,界面

[*14] Y. Hinuma, F. Oba, Y. Kumagai, and I. Tanaka, Phys. Rev. B **88**, 035305 (2013).

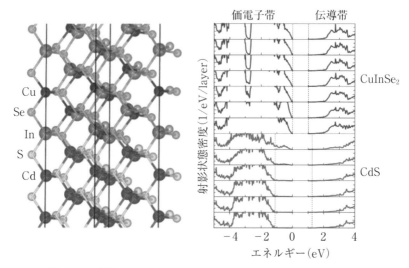

図 10-13 第一原理計算により得られたCuInSe$_2$とCdSの(110)界面における電子状態. 図(左)に示すモデル中の界面に平行な各層において，局所的に算出した電子の状態密度(射影状態密度)を図(右)に示す.

近傍において CdS のバンドギャップ中に CuInSe$_2$ との相互作用に由来する電子状態が形成されていることがわかる．このような界面に特有な電子状態のエネルギー準位を**界面準位**(interface state)と呼ぶ．

付録 1
電子の角運動量に関する交換関係

位置ベクトル $\boldsymbol{r}$ と運動量ベクトル $\boldsymbol{p} = m\boldsymbol{v}$ のベクトル積 $\boldsymbol{l} = \boldsymbol{r} \times \boldsymbol{p}$ で定義される角運動量ベクトル $\boldsymbol{l}$ の演算子の各成分についての交換関係が

$$[\hat{l}_x, \hat{l}_y] = i\hbar \hat{l}_z$$
$$[\hat{l}_y, \hat{l}_z] = i\hbar \hat{l}_x$$
$$[\hat{l}_z, \hat{l}_x] = i\hbar \hat{l}_y \tag{1-31}$$

であり,角運動量の成分同士は交換不可能であり,同時に確定することはできないことを説明する.

1.5 節の例題で示したように

$$[\hat{x}, \hat{p}_x] = [\hat{y}, \hat{p}_y] = [\hat{z}, \hat{p}_z] = i\hbar$$

である.

一方で,$[\hat{x}, \hat{p}_y]$ のように,成分の方向が違う場合は,

$$[\hat{x}, \hat{p}_y] = -i\hbar \left(x \frac{\partial}{\partial y} - \frac{\partial}{\partial y} x \right) = 0$$

であり,$\hat{x}\hat{p}_y = \hat{p}_y\hat{x}$ というように順序を入れ替えることができる.同様に $[\hat{p}_x, \hat{p}_y]$ や $[\hat{x}, \hat{y}]$ もゼロであり,順序を入れ替えることができる.

$[\hat{l}_x, \hat{l}_y]$ については,

$$\hat{l}_x = \hat{y}\hat{p}_z - \hat{z}\hat{p}_y, \quad \hat{l}_y = \hat{z}\hat{p}_x - \hat{x}\hat{p}_z$$

であるから

$$\hat{l}_x \hat{l}_y = (\hat{y}\hat{p}_z - \hat{z}\hat{p}_y)(\hat{z}\hat{p}_x - \hat{x}\hat{p}_z) = \hat{y}\hat{p}_z\hat{z}\hat{p}_x - \hat{y}\hat{p}_z\hat{x}\hat{p}_z - \hat{z}\hat{p}_y\hat{z}\hat{p}_x + \hat{z}\hat{p}_y\hat{x}\hat{p}_z$$

であるが,$[\hat{l}_x, \hat{l}_y] = \hat{l}_x\hat{l}_y - \hat{l}_y\hat{l}_x$ としたときに順序を入れ替えることができないのは,右辺の中で第 1 項と第 4 項の $\hat{p}_z\hat{z}$ と $\hat{z}\hat{p}_z$ のところだけである.したがって,

$$[\hat{l}_x, \hat{l}_y] = \hat{l}_x \hat{l}_y - \hat{l}_y \hat{l}_x = (\hat{z}\hat{p}_z - \hat{p}_z\hat{z})(\hat{x}\hat{p}_y - \hat{y}\hat{p}_x) = [\hat{z}, \hat{p}_z]\hat{l}_z = i\hbar \hat{l}_z$$

である.

続いて,角運動量の 2 乗の演算子

付録1　電子の角運動量に関する交換関係

$$\hat{l}^2 = \hat{l}_x^2 + \hat{l}_y^2 + \hat{l}_z^2 \tag{1-32}$$

と各成分との交換関係が

$$[\hat{l}^2, \hat{l}_x] = [\hat{l}^2, \hat{l}_y] = [\hat{l}^2, \hat{l}_z] = 0 \tag{1-33}$$

すなわち，角運動量の2乗の演算子 $\hat{l}^2$ と，角運動量の各成分は交換可能で，両者を同時に確定することができることを説明する．

一般に演算子について

$$\begin{aligned}
[\hat{A}, \hat{B} + \hat{C}] &= \hat{A}(\hat{B} + \hat{C}) - (\hat{B} + \hat{C})\hat{A} \\
&= \hat{A}\hat{B} - \hat{B}\hat{A} + \hat{A}\hat{C} - \hat{C}\hat{A} \\
&= [\hat{A}, \hat{B}] + [\hat{B}, \hat{C}] \\
[\hat{A}\hat{B}, \hat{C}] &= \hat{A}\hat{B}\hat{C} - \hat{C}\hat{A}\hat{B} \\
&= \hat{A}\hat{B}\hat{C} - \hat{A}\hat{C}\hat{B} + \hat{A}\hat{C}\hat{B} - \hat{C}\hat{A}\hat{B} \\
&= \hat{A}[\hat{B}, \hat{C}] + [\hat{A}, \hat{C}]\hat{B}
\end{aligned}$$

が成り立つ．

したがって，

$$\begin{aligned}
[\hat{l}^2, \hat{l}_x] &= [\hat{l}_x^2 + \hat{l}_y^2 + \hat{l}_z^2, \hat{l}_x] \\
&= [\hat{l}_y^2, \hat{l}_x] + [\hat{l}_z^2, \hat{l}_x] \\
&= \hat{l}_y[\hat{l}_y, \hat{l}_x] + [\hat{l}_y, \hat{l}_x]\hat{l}_y + \hat{l}_z[\hat{l}_z, \hat{l}_x] + [\hat{l}_z, \hat{l}_x]\hat{l}_z
\end{aligned}$$

となる．式(1-31)の関係を使うと，

$$[\hat{l}^2, \hat{l}_x] = -i\hbar \hat{l}_y \hat{l}_z - i\hbar \hat{l}_z \hat{l}_y + i\hbar \hat{l}_z \hat{l}_y + i\hbar \hat{l}_y \hat{l}_z = 0$$

となる．

付録 2
演算子の極座標表示

微分演算子の極座標表示

極座標とデカルト座標(カーテシアン)は，
$$x = r \sin\theta \cos\phi$$
$$y = r \sin\theta \sin\phi$$
$$z = r \cos\theta$$
で結ばれる．

図 3-1 で見たように，極座標での微小体積要素は，$d\boldsymbol{r} = r^2 \sin\theta\, dr\, d\theta\, d\phi$ である(**図 A2-1**)．

デカルト座標で x, y, z 方向への単位ベクトル $\boldsymbol{e}_x, \boldsymbol{e}_y, \boldsymbol{e}_z$ と同様に，極座標系でも以下のように直交する単位ベクトル $\boldsymbol{e}_r, \boldsymbol{e}_\theta, \boldsymbol{e}_\phi$ を作る．これは図のように直交している．
$$\boldsymbol{e}_r = \sin\theta\cos\phi\, \boldsymbol{e}_x + \sin\theta\sin\phi\, \boldsymbol{e}_y + \cos\theta\, \boldsymbol{e}_z$$
$$\boldsymbol{e}_\theta = \cos\theta\cos\phi\, \boldsymbol{e}_x + \cos\theta\sin\phi\, \boldsymbol{e}_y - \sin\theta\, \boldsymbol{e}_z$$
$$\boldsymbol{e}_\phi = -\sin\phi\, \boldsymbol{e}_x + \cos\phi\, \boldsymbol{e}_y$$

まず，勾配(gradient)つまり，

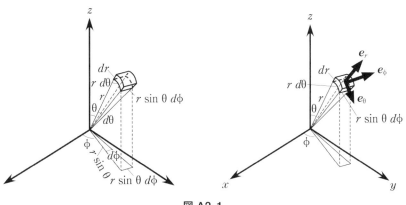

図 A2-1

$$\nabla = e_x \frac{\partial}{\partial x} + e_y \frac{\partial}{\partial y} + e_z \frac{\partial}{\partial z}$$

を取り上げる.

これを極座標表示すると，デカルト座標で dx, dy, dz に相当していた微小体積要素の各辺の長さが $dr, r\,d\theta, r\sin\theta\,d\phi$ であるから

$$\nabla = e_r \frac{\partial}{\partial r} + e_\theta \frac{\partial}{r\,\partial \theta} + e_\phi \frac{\partial}{r\sin\theta\,\partial \phi} \tag{A2-1}$$

となる.

続いて，任意ベクトル F について発散(divergence)つまり $\nabla \cdot F$ の極座標表示を考える.

デカルト座標では，F の要素を F_x, F_y, F_z とすると

$$\nabla \cdot F = \frac{\partial F_x}{\partial x} + \frac{\partial F_y}{\partial y} + \frac{\partial F_z}{\partial z}$$

である．この物理的意味は，微小体積要素 dV の全表面から「発散」していく F の合計である.

x 方向では，F の x 成分 F_x に対して，それに垂直な微小面 $dS_x = dy\,dz$ を考え，

$$(F_x(x+dx) - F_x(x))\,dS_x = \frac{\partial F_x}{\partial x} dx\,dy\,dz$$

となる.

したがって，

$$(\nabla \cdot F)\,dV = \left(\frac{\partial F_x}{\partial x} + \frac{\partial F_y}{\partial y} + \frac{\partial F_z}{\partial z} \right) dx\,dy\,dz$$

となり，

$$\nabla \cdot F = \frac{\partial F_x}{\partial x} + \frac{\partial F_y}{\partial y} + \frac{\partial F_z}{\partial z}$$

が得られる.

これを極座標で考えてみる.

r 方向では，F の r 成分 F_r に対して

$$F_r(r+dr)\,dS_r(r+dr) - F_r(r)\,dS_r(r) = \frac{\partial(F_r\,dS_r)}{\partial r} dr$$

を計算する.

$dS_r(r) = r^2 \sin\theta\,d\theta\,d\phi$ だから，

$$F_r(r+dr)\,dS_r(r+dr) - F_r(r)\,dS_r(r) = \frac{\partial(F_r\,dS_r)}{\partial r} dr$$

付録2 演算子の極座標表示

$$= \frac{\partial (F_r r^2)}{\partial r} dr \sin\theta \, d\theta \, d\phi$$

θ方向では同様に，$dS_\theta(\theta) = r\sin\theta \, dr \, d\phi$ だから，

$$F_\theta(\theta + d\theta) \, dS_\theta(\theta + d\theta) - F_\theta(\theta) \, dS_\theta(\theta) = \frac{\partial (F_\theta \, dS_\theta)}{\partial \theta} d\theta$$

$$= \frac{\partial (F_\theta \sin\theta)}{\partial \theta} d\theta \, r \, dr \, d\phi$$

φ方向では同様に，$dS_\phi(\phi) = r \, dr \, d\theta$ だから，

$$F_\phi(\phi + d\phi) \, dS_\phi(\phi + d\phi) - F_\phi(\phi) \, dS_\phi(\phi) = \frac{\partial (F_\phi \, dS_\phi)}{\partial \phi} d\phi$$

$$= \frac{\partial (F_\phi)}{\partial \phi} d\phi \, r \, dr \, d\theta$$

である．

$$(\boldsymbol{\nabla} \cdot \boldsymbol{F}) dV = \frac{\partial (F_r r^2)}{\partial r} dr \sin\theta \, d\theta \, d\phi + \frac{\partial (F_\theta \sin\theta)}{\partial \theta} d\theta \, r \, dr \, d\phi + \frac{\partial (F_\phi)}{\partial \phi} d\phi \, r \, dr \, d\theta$$

となり，
$dV = r^2 \sin\theta \, dr \, d\theta \, d\phi$ であるから，

$$(\boldsymbol{\nabla} \cdot \boldsymbol{F}) = \frac{1}{r^2} \frac{\partial (F_r r^2)}{\partial r} + \frac{1}{r \sin\theta} \frac{\partial (F_\theta \sin\theta)}{\partial \theta} + \frac{1}{r \sin\theta} \frac{\partial (F_\phi)}{\partial \phi} \tag{A2-2}$$

を得る．

最後に，シュレディンガー方程式に出てくる $\nabla^2 = \boldsymbol{\nabla} \cdot \boldsymbol{\nabla} = \Delta$ を極座標で表示する．
式(A2-1)より

$$\boldsymbol{\nabla} = \boldsymbol{e}_r \frac{\partial}{\partial r} + \boldsymbol{e}_\theta \frac{\partial}{r \, \partial \theta} + \boldsymbol{e}_\phi \frac{\partial}{r \sin\theta \, \partial \phi}$$

であり，

式(A2-2)の F_r, F_θ, F_ϕ を式(A2-1)の r, θ, ϕ 成分すなわち $\dfrac{\partial}{\partial r}$, $\dfrac{\partial}{r \, \partial \theta}$, $\dfrac{\partial}{r \sin\theta \, \partial \phi}$ に置き換えると，

$$\nabla^2 = (\boldsymbol{\nabla} \cdot \boldsymbol{\nabla}) = \frac{1}{r^2} \frac{\partial}{\partial r}\left(r^2 \frac{\partial}{\partial r}\right) + \frac{1}{r \sin\theta} \frac{\partial}{\partial \theta}\left(\sin\theta \frac{\partial}{r \, \partial \theta}\right) + \frac{1}{r \sin\theta} \frac{\partial}{\partial \phi} \frac{\partial}{r \sin\theta \, \partial \phi}$$

$$= \frac{\partial^2}{\partial r^2} + \frac{2}{r} \cdot \frac{\partial}{\partial r} + \frac{1}{r^2} \cdot \frac{1}{\sin\theta} \cdot \frac{\partial}{\partial \theta}\left(\sin\theta \frac{\partial}{\partial \theta}\right) + \frac{1}{r^2} \cdot \frac{1}{\sin^2\theta} \frac{\partial^2}{\partial \phi^2}$$

$$\tag{A2-3}$$

を得る．

補足説明

ここで，式(A2-1)より
$$\boldsymbol{\nabla} = \boldsymbol{e}_r \frac{\partial}{\partial r} + \boldsymbol{e}_\theta \frac{\partial}{r \partial \theta} + \boldsymbol{e}_\phi \frac{\partial}{r \sin\theta \, \partial \phi}$$
であり，$\boldsymbol{e}_r, \boldsymbol{e}_\theta, \boldsymbol{e}_\phi$ が直交する単位ベクトルであるので，
$$\nabla^2 = (\boldsymbol{\nabla} \cdot \boldsymbol{\nabla}) = \frac{\partial^2}{\partial r^2} + \frac{1}{r^2} \cdot \frac{1}{\sin\theta} \cdot \frac{\partial^2}{\partial \theta^2} + \frac{1}{r^2} \cdot \frac{1}{\sin^2\theta} \frac{\partial^2}{\partial \phi^2} \quad (A2\text{-}4)$$
となってよさそうに思われるが，実際にはそうならない．これは，基底ベクトル $\boldsymbol{e}_r, \boldsymbol{e}_\theta, \boldsymbol{e}_\phi$ は，デカルト座標系とは異なり空間に固定されていないためである．
$$\left(\boldsymbol{e}_r \frac{\partial}{\partial r} + \boldsymbol{e}_\theta \frac{\partial}{r \partial \theta} + \boldsymbol{e}_\phi \frac{\partial}{r \sin\theta \, \partial \phi} \right) \left(\boldsymbol{e}_r \frac{\partial}{\partial r} + \boldsymbol{e}_\theta \frac{\partial}{r \partial \theta} + \boldsymbol{e}_\phi \frac{\partial}{r \sin\theta \, \partial \phi} \right)$$
を計算するときに，
$\boldsymbol{e}_\theta \dfrac{\partial}{r \partial \theta} \boldsymbol{e}_r \dfrac{\partial}{\partial r}$ のようなクロス項をゼロとするのが間違いなのである．

いったんデカルト座標に戻って考えると，
$$\frac{\partial}{\partial \theta} \boldsymbol{e}_r = \frac{\partial}{\partial \theta}(\sin\theta \cos\phi \, \boldsymbol{e}_x + \sin\theta \sin\phi \, \boldsymbol{e}_y + \cos\theta \, \boldsymbol{e}_z)$$
$$= \cos\theta \cos\phi \, \boldsymbol{e}_x + \cos\theta \sin\phi \, \boldsymbol{e}_y - \sin\theta \, \boldsymbol{e}_z = \boldsymbol{e}_\theta$$
であるから
$$\boldsymbol{e}_\theta \frac{\partial}{r \partial \theta} \boldsymbol{e}_r \frac{\partial}{\partial r} = \boldsymbol{e}_\theta \frac{1}{r} \boldsymbol{e}_\theta \frac{\partial}{\partial r} = \frac{1}{r} \frac{\partial}{\partial r}$$
ぶんだけの相違が生じる．このような項をすべて勘案すると式(A2-4)ではなく，式(A2-3)が得られる．

ここでは以下の参照文献に従い，極座標系の基底ベクトルを使ってラプラシアンを記述した．このような記述のある教科書は少なく，デカルト座標の基底ベクトルを用いた記述が大半である．しかし，このような記述は，簡便で見通しがよい．

参照：前野昌弘，よくわかる量子力学，東京図書(2011)

式(A2-3)で右辺のはじめの2項は r に，後ろの2項は θ, ϕ に依存したもので，後者を以下のように定義してルジャンドル演算子と呼ぶ．
$$\Lambda = \frac{1}{\sin\theta} \cdot \frac{\partial}{\partial \theta}\left(\sin\theta \frac{\partial}{\partial \theta} \right) + \frac{1}{\sin^2\theta} \frac{\partial^2}{\partial \phi^2} \quad (A2\text{-}5)$$

付録2 演算子の極座標表示

ルジャンドル演算子 Λ は，極座標系で頻繁に用いられるもので，その固有関数は球面調和関数 $Y_{lm}(\theta, \phi)$，固有値は $-l(l+1)$ となることが知られている．ここで l は $0, 1, 2, \ldots$ の整数値をとる．

これを使うと，

$$\nabla^2 = \frac{\partial^2}{\partial r^2} + \frac{2}{r} \cdot \frac{\partial}{\partial r} + \frac{1}{r^2} \cdot \Lambda \tag{A2-6}$$

となり，極座標系でのシュレディンガー方程式は，

$$\left(-\frac{1}{2} \left(\frac{\partial^2}{\partial r^2} + \frac{2}{r} \cdot \frac{\partial}{\partial r} + \frac{1}{r^2} \cdot \Lambda \right) + V(r) \right) \chi(r) = \varepsilon \chi(r) \tag{A2-7}$$

で与えられる．

角運動量演算子の極座標表示

$$\hat{\boldsymbol{l}} = \boldsymbol{r} \times -i \boldsymbol{\nabla} \tag{A2-8}$$

を極座標で表そう．

$$\boldsymbol{r} \times \boldsymbol{\nabla} = r \boldsymbol{e}_r \times \left(\boldsymbol{e}_r \frac{\partial}{\partial r} + \boldsymbol{e}_\theta \frac{\partial}{r \partial \theta_0} + \boldsymbol{e}_\phi \frac{\partial}{r \sin\theta \, \partial \phi} \right) = \left(\boldsymbol{e}_\phi \frac{\partial}{\partial \theta} - \boldsymbol{e}_\theta \frac{\partial}{\sin\theta \, \partial \phi} \right)$$

だから

$$\hat{\boldsymbol{l}} = -i \left(\boldsymbol{e}_\phi \frac{\partial}{\partial \theta} - \boldsymbol{e}_\theta \frac{\partial}{\sin\theta \, \partial \phi} \right) \tag{A2-9}$$

となる．

次に，この角運動量の演算子を2回作用させた演算子 $\hat{l}^2$ を極座標で表記する．

$$\left(\boldsymbol{e}_\phi \frac{\partial}{\partial \theta} - \boldsymbol{e}_\theta \frac{\partial}{\sin\theta \, \partial \phi} \right) \left(\boldsymbol{e}_\phi \frac{\partial}{\partial \theta} - \boldsymbol{e}_\theta \frac{\partial}{\sin\theta \, \partial \phi} \right)$$

の計算において，$\boldsymbol{e}_\theta, \boldsymbol{e}_\phi$ のクロス項がゼロでないことに注意し，デカルト座標に戻して計算する．

$$\left(\boldsymbol{e}_\phi \frac{\partial}{\partial \theta} \right) \left(-\boldsymbol{e}_\theta \frac{\partial}{\sin\theta \, \partial \phi} \right) = -\boldsymbol{e}_\phi \frac{\partial}{\partial \theta} \boldsymbol{e}_\theta \frac{1}{\sin\theta} \frac{\partial}{\partial \phi} = -\boldsymbol{e}_\phi \boldsymbol{e}_r \frac{\partial}{\sin\theta \, \partial \phi} = 0$$

$$\left(-\boldsymbol{e}_\theta \frac{\partial}{\sin\theta \, \partial \phi} \right) \left(\boldsymbol{e}_\phi \frac{\partial}{\partial \theta} \right) = -\boldsymbol{e}_\theta \frac{1}{\sin\theta} \frac{\partial}{\partial \phi} \boldsymbol{e}_\phi \frac{\partial}{\partial \theta}$$

$$= -\boldsymbol{e}_\theta \frac{1}{\sin\theta} (-\sin\theta \boldsymbol{e}_r - \cos\theta \boldsymbol{e}_\theta) \frac{\partial}{\partial \theta} = \cot\theta \frac{\partial}{\partial \theta}$$

すると，

$$\begin{aligned}\hat{l}^2 &= -\left[\frac{\partial^2}{\partial\theta^2} + \cot\theta\frac{\partial}{\partial\theta} + \frac{1}{\sin^2\theta}\frac{\partial^2}{\partial\phi^2}\right] \\ &= -\left[\frac{1}{\sin\theta}\cdot\frac{\partial}{\partial\theta}\left(\sin\theta\frac{\partial}{\partial\theta}\right) + \frac{1}{\sin^2\theta}\frac{\partial^2}{\partial\phi^2}\right]\end{aligned} \quad (\text{A2-10})$$

となることがわかる．この右辺はルジャンドル演算子となっており，

$$\hat{l}^2 = -\Lambda \quad (\text{A2-11})$$

であることがわかる．

ルジャンドル演算子の固有値は $-l(l+1)$，固有関数は球面調和関数であるので，角運動量の2乗の固有値は $l(l+1)$，固有関数は球面調和関数となる（原子単位系 $\hbar = 1$ を用いていることに注意）．

付録3

水素原子の無限鎖の波動関数のエネルギー ε_k と波数 k の関係

第7章の図7-2に示した1次元に水素原子が周期的に並んだ結晶の波動関数について，sオービタルのエネルギー ε_k と波数 k の関係を求めてみよう．式(7-3)で表される波動関数を，シュレディンガー方程式 $\hat{h}\psi_k(x) = \varepsilon_k \psi_k(x)$ に代入し，左から $\psi_k^*(x)$ を掛けて全空間で積分する．

$$\int \psi_k^*(x) \hat{h} \psi_k(x) dx = \varepsilon_k \int \psi_k^*(x) \psi_k(x) dx \tag{A3-1}$$

ここで H_{tt} を H_0 とし，規格化条件から $S_{tt}=1$ である．また簡単のために，最近接A-B原子間以外の共鳴積分 H_{ts} ($t \neq s, s \pm 1$) と重なり積分 S_{ts} ($t \neq s, s \pm 1$) はゼロと仮定する．最近接A-B原子間では

$$\int \chi^*(x-ta) \hat{h} \chi(x-sa) dx = H_{AB} \quad (t = s \pm 1)$$

$$\int \chi^*(x-ta) \chi(x-sa) dx = S_{AB} \quad (t = s \pm 1)$$

とする．

式(A3-1)の左辺は，

$$\frac{1}{A^2} \int \sum_{t=-\infty}^{\infty} \exp(-ikta) \chi^*(x-ta) \hat{h} \sum_{s=-\infty}^{\infty} \exp(iksa) \chi(x-sa) dx$$

$$= \frac{1}{A^2} \sum_{t=-\infty}^{\infty} \{\exp(-ikta)\exp(ik(t-1)a) H_{AB} + \exp(-ikta)\exp(ikta)\varepsilon_0$$

$$+ \exp(-ikta)\exp(ik(t+1)a) H_{AB}\}$$

$$= \frac{1}{A^2} \sum_{t=-\infty}^{\infty} \{[\exp(-ika) + \exp(ika)] H_{AB} + \exp(-ikta)\exp(ikta)\varepsilon_0\}$$

$$= \frac{1}{A^2} \sum_{t=-\infty}^{\infty} \{\varepsilon_0 + 2\cos(ka) H_{AB}\}$$

式(A3-1)の右辺の積分は,

$$\frac{1}{A^2}\int \sum_{t=-\infty}^{\infty} \exp(-ikta)\chi^*(x-ta)\sum_{s=-\infty}^{\infty} \exp(iksa)\chi(x-sa)\,dx$$

$$=\frac{1}{A^2}\sum_{t=-\infty}^{\infty}\{\exp(-ikta)\exp(ik(t-1)a)S_{AB}+\exp(-ikta)\exp(ikta)$$
$$+\exp(-ikta)\exp(ik(t+1)a)S_{AB}\}$$

$$=\frac{1}{A^2}\sum_{t=-\infty}^{\infty}\{1+2\cos(ka)S_{AB}\}$$

となり,

$$\varepsilon_k = \frac{\varepsilon_0 + 2\cos(ka)H_{AB}}{1+2\cos(ka)S_{AB}}$$

と求められる.これが図7-2に示したsオービタルについてのエネルギー ε_k と波数 k の関係である. $k=0$ と $k=\pi/a$ のときに,それぞれ,

$$\varepsilon(k=0)=\frac{H_0+2H_{AB}}{1+2S_{AB}},\quad \varepsilon\left(k=\frac{\pi}{a}\right)=\frac{H_0-2H_{AB}}{1-2S_{AB}}$$

であり, ε_k はこの間で連続的な値をとる.

付録 4

平面波をベース関数としたときの永年方程式

7.3節で，ポテンシャルをフーリエ展開したときの永年方程式(7-22)を記した．その行列要素の成分 H_{G_n,G_m} と S_{G_n,G_m} を $\{\psi_{G_n}\}$ を使って導出する．なお，ここでは添字 k は省略した．

$$H_{G_n,G_m} = \int_{-L/2}^{+L/2} \psi_{G_n}^*(x) \hat{H} \psi_{G_m}(x) dx$$
$$= \int_{-L/2}^{+L/2} \psi_{G_n}^*(x) \left(-\frac{1}{2}\frac{d^2}{dx^2} + V(x)\right) \psi_{G_m}(x) dx \tag{A4-1}$$

のうち，$-\frac{1}{2}\frac{d^2}{dx^2}$ の積分に関する項は，

$$\int_{-L/2}^{+L/2} \psi_{G_n}^*(x) \left(-\frac{1}{2}\frac{d^2}{dx^2}\right) \psi_{G_m}(x) dx$$
$$= \frac{1}{L} \int_{-L/2}^{+L/2} \exp(-i(k+G_n)x) \left(-\frac{1}{2}\frac{d^2}{dx^2}\right) \exp(i(k+G_m)x) dx$$
$$= \frac{1}{2}|k+G_n|^2 \delta_{G_n,G_m} \tag{A4-2}$$

となる．ここでフーリエ展開のベース関数は規格直交化されている，つまり

$$S_{G_n,G_m} = \frac{1}{L} \int_{-L/2}^{+L/2} \exp[i(G_n-G_m)x] dx = \delta_{G_n,G_m} \tag{A4-3}$$

であることを利用した．δ_{G_n,G_m} は，クロネッカーのデルタ記号で，$G_n \neq G_m$ のときにゼロ．$G_n = G_m$ のとき1である．すなわち

$$\frac{1}{L}\int_{-L/2}^{+L/2} \exp(iG_n x) dx = 0 \quad (G_n \neq 0)$$
$$\frac{1}{L}\int_{-L/2}^{+L/2} \exp(iG_n x) dx = 1 \quad (G_n = 0) \tag{A4-4}$$

なぜなら

$$\frac{1}{L}\int_{-L/2}^{+L/2} \exp(iG_n x) dx = \frac{1}{LG_n}[\sin G_n x - i\cos G_n x]_{-L/2}^{+L/2} = \frac{2}{LG_n}\sin\frac{G_n L}{2} \quad (G_n \neq 0)$$

$$\left|\frac{2}{LG_n}\sin\frac{G_n L}{2}\right| \leq \left|\frac{2}{LG_n}\right| \to 0, \quad L \to \infty$$

174　付録4　平面波をベース関数としたときの永年方程式

$$\frac{1}{L}\int_{-L/2}^{+L/2} \exp(iG_n x)\,dx = \frac{L}{L} = 1 \quad (G_n = 0)$$

これは結晶回折論でのラウエ条件と同じである．

次に式(A4-1)の $V(x)$ の積分に関する項は，

$$\int_{-L/2}^{+L/2} \psi_{G_n}^*(x)\, V(x)\, \psi_{G_m}(x)\, dx$$

$$= \frac{1}{L}\int_{-L/2}^{+L/2} \exp(-i(k+G_n)x)\left(\sum_{G_p} V_{G_p} \exp(iG_p x)\right)\exp(i(k+G_m)x)\,dx$$

$$= \frac{1}{L}\sum_{G_p} V_{G_p} \int_{-L/2}^{+L/2} \exp(-i(k+G_n)x)\exp(iG_p x)\exp(i(k+G_m)x)\,dx$$

$$= \frac{1}{L}\sum_{G_p} V_{G_p} \int_{-L/2}^{+L/2} \exp(i(G_m+G_p-G_n)x)\,dx$$

$$= V_{G_n-G_m} \tag{A4-5}$$

式(A4-5)の導出でも，式(A4-3)を利用して $G_p = G_n - G_m$ のときにのみゼロでない値をとることを利用した．以上をまとめると式(A4-1)は，以下のようになる．

$$H_{G_n,G_m} = \frac{1}{2}|k+G_n|^2 \delta_{G_n,G_m} + V_{G_n-G_m} \tag{A4-6}$$

次に，行列要素の成分 S_{G_n,G_m} は，以下のようになる．

$$S_{G_n,G_m} = \frac{1}{L}\int_{-L/2}^{+L/2} \exp(-i(k+G_n)x)\exp(i(k+G_m)x)\,dx$$

$$= \frac{1}{L}\int_{-L/2}^{+L/2} \exp(i(G_m-G_n)x)\,dx = \delta_{G_n,G_m} \tag{A4-7}$$

以上のとおり行列要素が求められたので，永年方程式は式(7-22)で与えられる．

以上は1次元についての記述であった．3次元結晶について同様に永年方程式を導出すると式(7-29)になる．これが平面波をベース関数としたときの永年方程式である．

付録 5
バンド構造と波数ベクトルの記号

　第7章の図7-2に1次元に水素原子が周期的に並んだ結晶のエネルギー分散関係を示した．これが第一ブリルアンゾーンの還元ゾーン表示になっていることも述べた．この場合は第一ブリルアンゾーンが左右対称であるので，そのうち対称操作で同一になる部分を除いた領域を図7-2では示している．これを**既約領域**(irreducible part)と呼び，エネルギー分散図では通常この領域を示す．

　2次元の水素原子の正方格子を考えてみよう．簡単のために再びsオービタルだけを考える．2次元の場合は波数にx成分とy成分があり，これをk_xとk_yと書くことにする．1次元の場合と同様に，$|k_x|$と$|k_y|$は，ともに0から$\frac{\pi}{a}$の値をとる．このバンド分散図は1次元の場合からの類推で**図 A5-1**(a)のようにk_xとk_yを直交する横軸，エネルギーを縦軸にとって3次元表示することができる．しかしこの方法は，複数のエネルギー面を作図することが困難であり，通常は図 A5-1(b)のような展開図を用いる．このときに(k_x, k_y)の組で表現する代わりにギリシャ文字やローマ字で波数ベクトルを代表させることが多い．例えば図中にもあるようにΓ点は$k_x = k_y = 0$の点である．エ

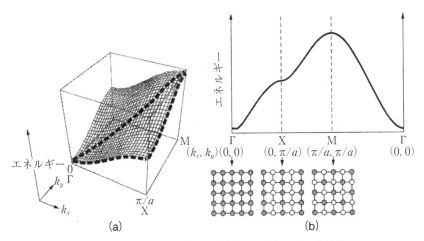

図 A5-1　水素原子の2次元正方格子のエネルギー分散関係．

付録5 バンド構造と波数ベクトルの記号

表 A5-1 SC(単純立方), BCC(体心立方), FCC(面心立方), HCP(六方最密)格子の逆格子の基本ベクトルと第1ブリルアンゾーンの体積 Ω_{BZ}. $\boldsymbol{x}, \boldsymbol{y}, \boldsymbol{z}$ は直交座標系の単位ベクトル. a と c は格子定数.

	SC	BCC	FCC	HCP
$\boldsymbol{b}_1$	$\dfrac{2\pi}{a}\boldsymbol{x}$	$\dfrac{2\pi}{a}(\boldsymbol{y}+\boldsymbol{z})$	$\dfrac{2\pi}{a}(-\boldsymbol{x}+\boldsymbol{y}+\boldsymbol{z})$	$\dfrac{2\pi}{a}\dfrac{2}{\sqrt{3}}\boldsymbol{x}$
$\boldsymbol{b}_2$	$\dfrac{2\pi}{a}\boldsymbol{y}$	$\dfrac{2\pi}{a}(\boldsymbol{z}+\boldsymbol{x})$	$\dfrac{2\pi}{a}(\boldsymbol{x}-\boldsymbol{y}+\boldsymbol{z})$	$\dfrac{2\pi}{a}\left(\dfrac{1}{\sqrt{3}}\boldsymbol{x}+\boldsymbol{y}\right)$
$\boldsymbol{b}_3$	$\dfrac{2\pi}{a}\boldsymbol{z}$	$\dfrac{2\pi}{a}(\boldsymbol{x}+\boldsymbol{y})$	$\dfrac{2\pi}{a}(\boldsymbol{x}+\boldsymbol{y}-\boldsymbol{z})$	$\dfrac{2\pi}{c}\boldsymbol{z}$
Ω_{BZ}	$\left(\dfrac{2\pi}{a}\right)^3$	$2\left(\dfrac{2\pi}{a}\right)^3$	$4\left(\dfrac{2\pi}{a}\right)^3$	$\dfrac{2(2\pi)^3}{\sqrt{3}\,a^2 c}$

ネルギーの最も低いΓ点での波動関数を見ると隣接原子同士が完全な結合状態,最もエネルギーの高いM点で完全な反結合,X点でその中間になっていることがわかる.

3次元の場合は,図A5-1(a)のような立体表示はさらに困難となり,展開図を使うのが一般的である.このときに (k_x, k_y, k_z) の組を表現するギリシャ文字やローマ字の選び方には,ほぼ確立されたルールがあり,それを**図 A5-2** に示す.

なお展開図を描くときの高対称点の並べ方には任意性がある.文献の計算結果を比較参照するときには,この並べ方の違いに注意することが必要である.

付録5 バンド構造と波数ベクトルの記号

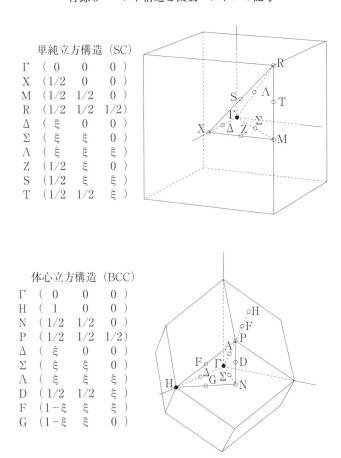

単純立方構造（SC）
- Γ (0   0   0)
- X (1/2 0   0)
- M (1/2 1/2 0)
- R (1/2 1/2 1/2)
- Δ (ξ   0   0)
- Σ (ξ   ξ   0)
- Λ (ξ   ξ   ξ)
- Z (1/2 ξ   0)
- S (1/2 ξ   ξ)
- T (1/2 1/2 ξ)

体心立方構造（BCC）
- Γ (0   0   0)
- H (1   0   0)
- N (1/2 1/2 0)
- P (1/2 1/2 1/2)
- Δ (ξ   0   0)
- Σ (ξ   ξ   0)
- Λ (ξ   ξ   ξ)
- D (1/2 1/2 ξ)
- F (1−ξ ξ   ξ)
- G (1−ξ ξ   0)

図 A5-2(1) 単純立方構造(SC)と体心立方構造(BCC)．
4種の格子の第1ブリルアンゾーンおよびブリルアンゾーンにおける高対称点と高対称線の名称と座標．座標は結晶系の逆格子単位ベクトルの成分に対応する(柳瀬章, 空間群のプログラム TSPACE, 裳華房(1995)より).

面心立方構造 (FCC)

Γ	(0	0	0)
X	(1	0	0)
W	(1	1/2	0)
L	(1/2	1/2	1/2)
K	(3/4	3/4	0)
U	(1	1/2	1/2)
Δ	(ξ	0	0)
Σ	(ξ	ξ	0)
Λ	(ξ	ξ	ξ)
Z	(1	ξ	0)
S	(1	ξ	ξ)
Q	(1/2+ξ	1/2	1−ξ)

六方最密構造 (HCP)

Γ	(0	0	0)
A	(0	0	1/2)
K	(1/3	1/3	0)
M	(1/2	0	0)
H	(1/3	1/3	1/2)
L	(1/2	0	1/2)
Σ	(ξ	0	0)
Λ	(0	0	ξ)
T	(ξ	ξ	0)
T′	(1/2−ξ	2ξ	0)
R	(ξ	0	1/2)
S	(ξ	ξ	1/2)
S′	(1/2−ξ	2ξ	1/2)
U	(1/2	0	ξ)
P	(1/3	1/3	ξ)

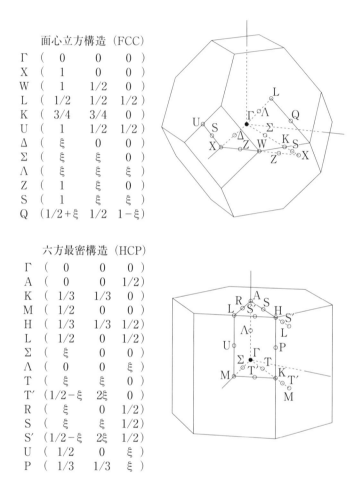

図 A5-2(2) 面心立方構造(FCC)と六方最密構造(HCP).

付録6

空格子近似による2次元正方格子についてのバンド構造

第7章に述べた空格子近似による2次元正方格子についてのバンド構造(図7-8)の作り方を説明する．このような例でバンド構造図を作図してみると理解が深まるので，ぜひやってほしい．図A5-2の場合と同様に (k_x, k_y) の単位を $\frac{2\pi}{a}$ とし，$0 \leq \xi \leq \frac{1}{2}$ とする．ε_k と $\boldsymbol{k}$ との関係を得るために，第一ブリルアンゾーン内のある $\boldsymbol{k}$ に対しいくつかの $\boldsymbol{G}_n$ を考える．$\boldsymbol{k}$ は Γ点 $(0, 0)$，X点 $\left(0, \frac{1}{2}\right)$，M点 $\left(\frac{1}{2}, \frac{1}{2}\right)$ の各点を結ぶ線上だけを考えることにする．

[1] 波数 $\boldsymbol{k}$ が Γ-X(Δ)線上にある場合

$\boldsymbol{k} = (k_x, k_y)$ は Γ点 $(0, 0)$ - X点 $\left(0, \frac{1}{2}\right)$ 間にあるので，$\boldsymbol{k} = (0, \xi)$ と表すことができる．いくつかの $\boldsymbol{G}$ の組 (G_x, G_y) を挙げて ε_k と ξ の関係を求めると以下のようになる．

① $\boldsymbol{G} = (0, 0)$ のとき，$\boldsymbol{k} + \boldsymbol{G} = (0, \xi)$ なので

$$\varepsilon_k = \frac{1}{2}|\boldsymbol{k} + \boldsymbol{G}|^2 = \frac{1}{2}\xi^2$$

② $\boldsymbol{G} = (0, \pm 1)$ のとき，$\boldsymbol{k} + \boldsymbol{G} = (0, \pm 1 + \xi)$ なので

$$\varepsilon_k = \frac{1}{2}|\boldsymbol{k} + \boldsymbol{G}|^2 = \frac{1}{2}(1+\xi)^2, \text{ および } \frac{1}{2}(1-\xi)^2$$

③ $\boldsymbol{G} = (\pm 1, 0)$ のとき，$\boldsymbol{k} + \boldsymbol{G} = (\pm 1, \xi)$ なので

$$\varepsilon_k = \frac{1}{2}|\boldsymbol{k} + \boldsymbol{G}|^2 = \frac{1}{2}(1+\xi^2)$$

④ $\boldsymbol{G} = (\pm 1, \pm 1)$ のとき，$\boldsymbol{k} + \boldsymbol{G} = (\pm 1, \pm 1 + \xi)$ なので

$$\varepsilon_k = \frac{1}{2}|\boldsymbol{k} + \boldsymbol{G}|^2 = \frac{1}{2}[1 + (1+\xi)^2], \text{ および } \frac{1}{2}[1 + (1-\xi)^2]$$

[2] 波数 $\boldsymbol{k}$ が X-M(Z)線上にある場合

$\boldsymbol{k} = (k_x, k_y)$ は X点 $\left(0, \frac{1}{2}\right)$ - M点 $\left(\frac{1}{2}, \frac{1}{2}\right)$ 間にあるので，$\boldsymbol{k} = \left(\xi, \frac{1}{2}\right)$ となる．

付録6　空格子近似による2次元正方格子についてのバンド構造

① $G = (0,0)$ のとき，$k + G = \left(\xi, \dfrac{1}{2}\right)$ なので

$\varepsilon_k = \dfrac{1}{2}|k+G|^2 = \dfrac{1}{2}\left(\xi^2 + \dfrac{1}{4}\right)$

② $G = (0, \pm 1)$ のとき，$k + G = \left(\xi, \pm 1 + \dfrac{1}{2}\right)$ なので

$\varepsilon_k = \dfrac{1}{2}|k+G|^2 = \dfrac{1}{2}\left(\xi^2 + \dfrac{9}{4}\right)$，および $\dfrac{1}{2}\left(\xi^2 + \dfrac{1}{4}\right)$

③ $G = (\pm 1, 0)$ のとき，$k + G = \left(\xi \pm 1, \dfrac{1}{2}\right)$ なので

$\varepsilon_k = \dfrac{1}{2}|k+G|^2 = \dfrac{1}{2}\left[(\xi+1)^2 + \dfrac{1}{4}\right]$，および $\dfrac{1}{2}\left[(\xi-1)^2 + \dfrac{1}{4}\right]$

④ $G = (\pm 1, \pm 1)$ のとき，$k + G = \left(\xi \pm 1, \dfrac{1}{2} \pm 1\right)$ なので

$\varepsilon_k = \dfrac{1}{2}|k+G|^2$

$= \dfrac{1}{2}\left((\xi+1)^2 + \dfrac{9}{4}\right)$，$\dfrac{1}{2}\left((\xi-1)^2 + \dfrac{1}{4}\right)$，$\dfrac{1}{2}\left((\xi-1)^2 + \dfrac{9}{4}\right)$，

および　$\dfrac{1}{2}\left((\xi+1)^2 + \dfrac{1}{4}\right)$

[3]　波数 k が M-Γ(Σ) 線上にある場合

(k_x, k_y) は M 点 $\left(\dfrac{1}{2}, \dfrac{1}{2}\right)$-Γ 点 $(0,0)$ 間にあるので，$k = \left(\dfrac{1}{2} - \xi, \dfrac{1}{2} - \xi\right)$ となる．

① $G = (0,0)$ のとき，$k + G = \left(\dfrac{1}{2} - \xi, \dfrac{1}{2} - \xi\right)$ なので

$\varepsilon_k = \dfrac{1}{2}|k+G|^2 = \left(\dfrac{1}{2} - \xi\right)^2$

② $G = (0, \pm 1)$ のとき，$k + G = \left(\dfrac{1}{2} - \xi, \pm 1 + \dfrac{1}{2} - \xi\right)$ なので

$\varepsilon_k = \dfrac{1}{2}|k+G|^2 = \dfrac{1}{2}\left[\left(\dfrac{1}{2} - \xi\right)^2 + \left(\dfrac{3}{2} - \xi\right)^2\right]$，および $\dfrac{1}{2}\left[\left(\dfrac{1}{2} - \xi\right)^2 + \left(\dfrac{1}{2} + \xi\right)^2\right]$

付録6　空格子近似による2次元正方格子についてのバンド構造　　　　181

③ $\bm{G} = (\pm 1, 0)$ のとき，$\bm{k} + \bm{G} = \left(\pm 1 + \dfrac{1}{2} - \xi, \dfrac{1}{2} - \xi\right)$ なので

$$\varepsilon_k = \frac{1}{2}|\bm{k} + \bm{G}|^2 = \frac{1}{2}\left[\left(\frac{3}{2} - \xi\right)^2 + \left(\frac{1}{2} - \xi\right)^2\right], \text{ および } \frac{1}{2}\left[\left(\frac{1}{2} + \xi\right)^2 + \left(\frac{1}{2} - \xi\right)^2\right]$$

④ $\bm{G} = (\pm 1, \pm 1)$ のとき，$\bm{k} + \bm{G} = \left(\pm 1 + \dfrac{1}{2} - \xi, \pm 1 + \dfrac{1}{2} - \xi\right)$ なので

$$\varepsilon_k = \frac{1}{2}|\bm{k} + \bm{G}|^2 = \left(\frac{3}{2} - \xi\right)^2, \ \left(\frac{1}{2} + \xi\right)^2, \ \frac{1}{2}\left[\left(\frac{3}{2} - \xi\right)\left(\frac{1}{2} + \xi\right)\right]$$

　以上の ε_k と $\bm{k}$ との関係をプロットすると，図7-8を作成することができる．

　なお，図7-8の最もエネルギーの低いバンドが，図A5-1(b)に示したバンドに相当している．空格子近似で表した自由電子モデルに対し，図A5-1(b)に示す水素原子の2次元正方格子では，図7-6のところで述べたように，バンド端のところにエネルギーギャップが生じる．したがって，エネルギー分散関係は自由電子モデルとはわずかに異なるものとなる．

索　　引

あ
アインシュタイン-スモルコフスキー
　の関係式…………………………157
アウフバウプリンシプル……………53
アクア錯体……………………83,88
アクセプタ準位……………………159
アンサンブル………………………141

い
イオン化エネルギー………………52,56
イオン結合…………………………80
イオン性……………………………80
異核2原子分子……………………78
イジングモデル……………………152
一電子エネルギー…………46,123,160
一電子近似…………………………46
一電子波動関数……………………123
一電子方程式………………………123
一般化勾配近似……………………123
一般化コーン-シャム法……………124
井戸型ポテンシャル…………………17
色中心………………………………159

え
永年方程式………………………64,111
Al……………………………………127
$SrTiO_3$……………………………138
Si………………………………144,161
SCF法………………………………48
SQS…………………………………154
Na……………………………………127
NVTアンサンブル…………………142
エネルギーギャップ……………114,181
エネルギー準位………………………19

エネルギー分散関係………105,112,175
Fセンター…………………………159
Mg……………………………………135
MgO………………………………97,134
Li……………………………………96,128
LSDA………………………………123
LCAO法…………………………104,108
LDA…………………………………123
円環中の電子……………………21,108
演算子………………………………3,6
　　――の交換………………6,10,39
エンタルピー………………………141
エントロピー………………………141

お
応力テンソル………………………125
O……………………………………96,135
オービタル…………………………25
　　――角運動量……………………40
　　結合――…………………………69
　　原子――………………………25,38
　　混成――…………………………133
　　反結合――………………………70
　　分子――…………………………66

か
カイザー……………………………88
界面…………………………………158
　　――準位…………………………162
角運動量…………………………15,28
　　オービタル――…………………40
　　合成スピン――…………………90
　　スピン――……………………43,89
拡張ゾーン形式……………………114

索　引

拡張単位胞·················154, 158
確率密度関数·················33
重なり積分·················67
可視吸収スペクトル·················88
カノニカルアンサンブル·················141
岩塩型構造·················134, 136
還元ゾーン形式·················114

き

規格化条件·············5, 19, 23, 29, 69, 109
期待値·················8, 10
擬調和近似·················149
基底関数·················111
基底状態·················19
軌道関数·················25
ギブズ自由エネルギー·········141, 149
逆格子空間での基本並進ベクトル···114
既約領域·················175
吸光·················88, 159
球面調和関数·········28, 33, 36, 170
共鳴積分·················67
共役勾配法·················144
共有結合·················70, 80
　　──性·················132
極座標·················26
　　──図·················37
局所スピン密度近似·················123
局所密度近似·················123
巨視的状態·················141
巨視的な応力·················125
禁制律·················49

く

空格子近似·················116, 179
クーロン積分·················67
クラスター展開·················152
クラスター変分法·················155
グラファイト(C)·················133

け

傾角粒界·················158
形式的結合次数·················78
欠陥間の静電相互作用·················158
欠陥準位·················159
結合オービタル·················69
結合の次数·················77
結晶場分裂·················84
結晶場理論·················84
原子オービタル·················25, 38
　　──の半径·················56
原子核に及ぼされる力······124, 146, 156
原子間のばね定数·················146
原子空孔·················158
原子単位系·················25
原子の拡散シミュレーション···156
元素の周期表·················55

こ

交換相関エネルギー·················122
合金配列·················152
格子欠陥·················157
格子振動·················146
高スピン状態·················85
構成原理·················53
合成スピン角運動量·················90
構造最適化·················126, 143
高対称点·················176
コーン-シャム方程式·················123
固有関数·················7
固有値·················7
固有方程式·················7
固溶体·················151
混合自由エネルギー·················152
混成オービタル·················133
混成汎関数(法)·················124, 134

索　引

さ

酸化亜鉛 ……………………………… 160
酸化コバルト(Ⅱ) ……………………… 102
酸化チタン(Ⅱ) ………………………… 101
酸化チタン(Ⅳ) ………………………… 101
酸化ビスマス …………………………… 156
酸化マグネシウム ………………… 97, 134

し

C(グラファイト) ……………………… 133
C(ダイヤモンド) ……………………… 133
CoO ……………………………………… 102
GGA ……………………………………… 123
CdS ……………………………………… 162
Cu ………………………………………… 130
$CuInSe_2$ ……………………………… 162
時間に依存しないシュレディンガー
　方程式 …………………………………… 5
磁気量子数 ……………………………… 38
σ 結合 ……………………………… 76
試行関数 …………………………… 48, 62
自己無撞着法 …………………………… 47
実空間での基本並進ベクトル ……… 114
遮蔽効果 ………………………………… 51
周期的境界条件 ………………………… 21
周期表 …………………………………… 52
自由電子モデル ……………………… 108
縮重 ……………………………………… 20
縮退 …………………… 20, 40, 73, 76, 83, 90
シュテルン-ゲルラッハによる実験 … 41
主量子数 ………………………………… 38
シュレディンガー方程式
　………………………… 1, 5, 17, 25, 45, 106
常磁性 …………………………………… 77
状態密度 ……………………………… 117
シリコン …………………………… 144, 161

す

水素原子の 1 次元の鎖 ………… 95, 103
水素原子の発光スペクトル …… 31, 41
水素 3 原子 ……………………………… 73
水素分子 ………………………………… 70
　——イオン ……………………………… 66
水素様原子 ……………………………… 31
水和 ……………………………………… 83
スーパーセル ……………………… 154, 158
スクリーニング効果 ……………………… 51
スピン角運動量 …………………… 43, 89
スピン関数 ………………………… 43, 71
スピンクロスオーバー …………………… 87
スピン座標 ……………………………… 44
スピン磁気量子数 ……………………… 43
スピン多重度 …………………………… 89
スピン変数 …………………………… 152
スピン量子数 …………………………… 43
スペクトル項 …………………………… 89
スレーター行列式 ……………………… 50

せ

正四面体対称 …………………………… 84
正準集団 ……………………………… 141
正八面体対称 …………………………… 83
ZnO ……………………………………… 160
セルフコンシステント法 ………… 47, 71
零点エネルギー …………………… 20, 147
遷移金属錯体 …………………………… 83
全エネルギー …………… 46, 48, 123, 141

そ

相関関数 ……………………………… 153
相対性理論 ……………………………… 41
相安定性ダイアグラム ……………… 151
相転移圧力 …………………………… 144
測定値 …………………………………… 10

た

- 第一原理計算 …………………… 141
- 第一原理分子動力学計算 ………… 156
- 第一ブリルアンゾーン ……… 113, 176
- 体積弾性率 ……………………… 145
- 体積熱膨張係数 ………………… 149
- ダイヤモンド(C) ………………… 133
- 多重項 ……………………………… 89
- 多成分系における相安定性 ……… 150
- 田辺−菅野ダイアグラム …………… 91
- 断熱近似 ………………………… 124

ち

- 着色 ………………………… 88, 159
- 調和近似 ………………………… 146

て

- Ti …………………………………… 136
- TiO …………………………… 101, 136
- TiO_2 ………………………… 102, 137
- d^n 配置 ………………………… 85
- DFT ……………………………… 121
- DFT+U 法 …………………… 124
- 定常状態 …………………………… 4
- 低スピン状態 …………………… 85
- 定積・定圧比熱 ………………… 147
- ディラック方程式 ………………… 41
- データベース ………………… 127, 151
- 電荷移行 ………………………… 82
- 電荷を持つ点欠陥 ………………… 158
- 電気陰性度 ……………………… 58
- 点群 ……………………………… 84
- 点欠陥 …………………………… 158
- ───形成エネルギー ………… 159
- ───準位 ……………………… 159
- 電子間相互作用 …… 45, 50, 89, 121
- 電子雲 …………………………… 12
- 電子親和力 ……………………… 56
- 電子密度解析 …………………… 79

と

- 等核2原子分子 ………………… 75
- 動径 ……………………………… 20
- 統計集団 ………………………… 141
- 特殊擬ランダム構造 …………… 154
- 独立電子モデル ………………… 46
- 凸包 ……………………………… 151
- ドナー準位 ……………………… 159
- 外村の実験 ……………………… 13

な

- 内部エネルギー ………………… 141
- ナブラ ……………………………… 4

ね

- 熱力学関数 ……………………… 141
- 熱力学状態 ……………………… 141
- 熱力学積分 ……………………… 155
- 熱力学ポテンシャル …………… 141

は

- ハートレー積 …………………… 47
- ハートレー−フォック法 ………… 50
- ハートレー法 …………………… 47
- 配位子 …………………………… 83
- ───場理論 …………………… 87
- π 結合 …………………………… 76
- 排他原理 ………………………… 49
- パウリの原理 ………… 49, 71, 123
- 波動関数 …… 3, 19, 26, 61, 69, 104, 107
- ───の反対称性 ……………… 49
- ハミルトニアン ……… 3, 17, 26, 45, 66
- 汎関数 …………………………… 122
- 反結合オービタル ……………… 70
- バンドオフセット ……………… 161
- バンドギャップ ……………… 98, 159

バンド計算法……………………104
バンド構造………………………105
　　──図………………………127
バンドのエネルギー幅…………131

ひ

Bi_2O_3……………………………156
Be…………………………96, 128
光の吸収……………………88, 159
光量子………………………………1
微小球殻の体積…………………26
微視的状態………………………141
微小体積要素……………5, 26, 166
ピューレイ補正項………………125
表面………………………………158
　　──再構成…………………161
　　──準位……………………161

ふ

フーリエ級数展開………………110
フェルミエネルギー……………120
フェルミ粒子……………………49
フォトン……………………………1
フォノン……………………146, 147
　　──状態密度………………147
不確定性…………………………10
　　──原理……………………10
不均一磁場………………………42
復元力……………………………146
副格子……………………………97
複素共役……………………5, 63
節の数…………………30, 35, 130
不対電子…………………………77
物質波………………………………1
部分電子密度…………………99, 133
プランク定数………………………1
ブロッホ関数……………………107
ブロッホの定理…………………107

ブロッホ波数……………………107
ブロッホ和………………………108
分散…………………………………8
　　──曲線……………………147
分子オービタル法………………66
分子軌道法………………………66
分子の結合エネルギー…………78
分配関数…………………………141
分布関数……………………………8

へ

平均値…………………………8, 10
平均場近似………………………46
平衡状態…………………………125
　　──図………………………151
平面波……………………………114
　　──展開……………………115
　　──の波面…………………115
ベース関数………………………111
ヘテロ界面………………………161
ヘルマン-ファインマン力………125
ヘルムホルツ自由エネルギー…141, 149
ペロブスカイト型構造…………139
偏角………………………………20
変分原理…………………………61
変分法……………………………122

ほ

方位量子数………………………38
ホーエンベルグ-コーン定理……121
ボーズ粒子………………………49
ポーリングの電気陰性度………59
ボルン-オッペンハイマー近似…124
ボンド・オーバーラップ・ポピュ
　レーション……………………79

ま

マリケン記号…………………84, 89

マリケンの電気陰性度……………58
マリケンの電子密度解析……………79

み
密度汎関数論…………………121

め
メトロポリス法…………………155

も
モンテカルロ法…………………155

や
ヤコビ行列式……………………27
ヤングの実験……………………13

ゆ
有効核電荷モデル………………51
有効重なり電子数………………79
有効クラスター相互作用…………153
有効電子数………………………79

よ
余因子……………………………74

ら
ラウエ条件………………………174
ラゲールの多項式………………33
ラプラシアン……………………5

り
リッツの変分法……………62, 111
粒子性と波動性…………………2
粒子の存在確率…………………5
リュードベリの式………………31
量子化……………………………3
量子数……………………………19

る
ルジャンドル演算子…………27, 168
ルチル型構造……………………137

れ
励起子……………………………159
励起状態…………………………19

著者略歴

田中　功（たなか　いさお）
1982 年　京都大学工学部金属加工学科卒業
1987 年　大阪大学産業科学研究所助手
1996 年　京都大学大学院エネルギー科学研究科助教授
2003 年　京都大学大学院工学研究科教授（材料工学専攻）
現　在　京都大学名誉教授

松永　克志（まつなが　かつゆき）
1992 年　京都大学工学部冶金学科卒業
1997 年　財団法人ファインセラミックスセンター研究員
2001 年　東京大学工学部助手
2005 年　京都大学大学院工学研究科助教授
現　在　名古屋大学大学院工学研究科教授（物質科学専攻）

大場　史康（おおば　ふみやす）
1996 年　京都大学工学部冶金学科卒業
2004 年　京都大学大学院工学研究科助手
2009 年　京都大学大学院工学研究科准教授
2015 年　東京工業大学応用セラミックス研究所教授
2016 年　東京工業大学科学技術創成研究院教授（フロンティア材料研究所）
現　在　東京科学大学総合研究院教授（フロンティア材料研究所）

世古　敦人（せこ　あつと）
2002 年　京都大学工学部物理工学科卒業
2011 年　京都大学大学院工学研究科助教
2015 年　京都大学大学院工学研究科准教授（材料工学専攻）
現　在　京都大学大学院工学研究科教授（材料工学専攻）

2017 年 10 月 31 日　第 1 版発行
2025 年 4 月 10 日　第 2 版発行

著者の了解により検印を省略いたします

材料電子論入門
第一原理計算の材料科学への応用

著　者	田　中　　　功
	松　永　克　志
	大　場　史　康
	世　古　敦　人
発 行 者	内　田　　　学
印 刷 者	山　岡　影　光

発行所　株式会社　内田老鶴圃　〒112-0012 東京都文京区大塚 3 丁目 34 番 3 号
電話（03）3945-6781（代）・FAX（03）3945-6782
https://www.rokakuho.co.jp/

印刷・製本／三美印刷 K.K.

Published by UCHIDA ROKAKUHO PUBLISHING CO., LTD.
3-34-3 Otsuka, Bunkyo-ku, Tokyo 112-0012, Japan

U. R. No. 639-2

ISBN 978-4-7536-5559-5 C3042

©2017 田中　功，松永克志，大場史康，世古敦人

平面波基底の第一原理計算法
原理と計算技術・汎用コードの理解のために

香山正憲 著

A5・244頁・定価5280円（本体4800円＋税10%）　ISBN978-4-7536-5560-1

第1章　はじめに　「平面波基底の第一原理計算法」と本書の目的／汎用コードの開発・普及に至る歴史／本書の内容と特較

第2章　第一原理計算の基礎：基本的近似と密度汎関数理論　断熱近似と平均場近似／密度汎関数理論／Kohn-Sham方程式／軌道エネルギー／局所密度近似と密度勾配近似／式の証明

第3章　第一原理計算の基礎：周期的ポテンシャル場における固有値・固有関数　格子と逆格子／ブロッホの定理／ブリルアンゾーンとバンド／ブリルアンゾーン内積分と k 点メッシュ／系の対称性とブリルアンゾーンの既約領域／第一原理計算の手順：SCFループ／バンド構造図と状態密度

第4章　第一原理擬ポテンシャル法（NCPP法）の原理　固体の電子構造計算の難しさと各種の第一原理計算法／擬ポテンシャルの考え方／第一原理擬ポテンシャルの組み立て法（その1）：自由原子の全電子計算／第一原理擬ポテンシャルの組み立て法（その2）：ポテンシャルの作り替え／擬ポテンシャルの局所項と非局所項／擬ポテンシャルの精度を保証するもの／全エネルギーとハミルトニアン／式の証明

第5章　NCPP法からUSPP法へ　NCPP法の発展：複数の参照エネルギーの方法／ノルム保存条件の緩和とその代償／USPP法の原理と概要／自由原子のハミルトニアンとunscreening／USPP法の実際の計算／式の証明

第6章　PAW法の原理と概要　PAW法の基本的考え方／PAW法での全エネルギーとハミルトニアン／自由原子のハミルトニアンとunscreening／PAW法とUSPP法の比較／原子球内項の計算／NCPP法からUSPP法, PAW法への展開

第7章　NCPP法での平面波基底とハミルトニアンの詳細　格子周期関数のフーリエ級数展開／波動関数の平面波基底展開と打ち切りエネルギー／平面波基底での固有ベクトルと対称操作／電子密度分布／平面波基底でのハミルトニアン：運動エネルギー項と局所ポテンシャル項／平面波基底でのハミルトニアン：非局所項ポテンシャル項／式の証明

第8章　NCPP法での全エネルギーと原子に働く力の詳細　全エネルギーの各項の逆空間表現／Ewald法と発散項の処理／原子に働く力の計算法／式の証明

第9章　大規模電子構造計算の計算技術　高速フーリエ変換（FFT）の概要とメッシュ密度／高速フーリエ変換の活用：電子密度分布計算と $H\psi$ 計算／Car-Parrinello法と直接最小化法／大規模行列固有状態計算の高速化技法／残差最小化に基づく高速化技法／S 演算子を含む場合

第10章　各種の計算方法・計算技術　Monkhorst-Pack k 点サンプリング／Gaussian broadening法／部分内殻補正法／GGA関連の計算技術／応力計算の実現／静電相互作用の別表現／PAW法での原子に働く力

第11章　まとめ　各章のまとめ／第一原理計算を用いた研究の振興のために

多体電子構造論　強相関物質の理論設計に向けて

有田亮太郎 著

A5・208頁・定価4180円（本体3800円＋税10%）　ISBN978-4-7536-2320-4

第1章　密度汎関数理論　ボルン-オッペンハイマー近似／密度汎関数理論

第2章　相対論効果　ディラック方程式とスピン自由度／スピン軌道相互作用／電子状態に対する相対論効果

第3章　磁性体の第一原理計算　磁気異方性／ジャロシンスキー-守谷相互作用／スピン密度汎関数理論／励起状態と転移温度／異常横伝導

第4章　電子励起　グリーン関数／スペクトル関数／ヘディン方程式, ダイソン方程式／GW近似／ベーテ-サルピータ方程式／時間依存密度汎関数理論

第5章　格子振動と格子変形　密度汎関数摂動論／格子振動／弾性定数／電子格子相互作用／非調和振動

第6章　超伝導体の第一原理計算　BCS理論／エリアシュベルグ理論／超伝導密度汎関数理論

第7章　低エネルギー有効模型の導出　ワニエ関数／相互作用の評価／スピン模型の導出

第8章　動的平均場近似　フェルミオン系の経路積分／動的平均場近似／動的平均場近似の拡張／密度汎関数理論との融合

バンド理論　物質科学の基礎として
小口多美夫 著
A5・144頁・定価3080円（本体2800円＋税10%）
ISBN978-4-7536-5609-7

無機固体化学　量子論・電子論
吉村一良・加藤将樹 著
A5・304頁・定価4400円（本体4000円＋税10%）
ISBN978-4-7536-3502-3

遷移金属のバンド理論
小口多美夫 著
A5・136頁・定価3300円（本体3000円＋税10%）
ISBN978-4-7536-5571-7

固体電子構造論　密度汎関数理論から電子相関まで
藤原毅夫 著
A5・248頁・定価4620円（本体4200円＋税10%）
ISBN978-4-7536-2302-0

https://www.ROKAKUHO.co.jp/

元素の周期表と中性原子についての基底状態の外殻電子配置

	1	2	3	4	5	6	7	8	9	10	11	12	13	14	15	16	17	18
1s	H^1 1s																	He^2 $1s^2$
2s / 2s2p	Li^3 2s	Be^4 $2s^2$											B^5 $2s^22p$	C^6 $2s^22p^2$	N^7 $2s^22p^3$	O^8 $2s^22p^4$	F^9 $2s^22p^5$	Ne^{10} $2s^22p^6$
3s / 3s3p	Na^{11} 3s	Mg^{12} $3s^2$											Al^{13} $3s^23p$	Si^{14} $3s^23p^2$	P^{15} $3s^23p^3$	S^{16} $3s^23p^4$	Cl^{17} $3s^23p^5$	Ar^{18} $3s^23p^6$
4s	K^{19} 4s	Ca^{20} $4s^2$	Sc^{21} $3d$ $4s^2$	Ti^{22} $3d^2$ $4s^2$	V^{23} $3d^3$ $4s^2$	Cr^{24} $3d^5$ $4s$	Mn^{25} $3d^5$ $4s^2$	Fe^{26} $3d^6$ $4s^2$	Co^{27} $3d^7$ $4s^2$	Ni^{28} $3d^8$ $4s^2$	Cu^{29} $3d^{10}$ $4s$	Zn^{30} $3d^{10}$ $4s^2$	Ga^{31} $4s^24p$	Ge^{32} $4s^24p^2$	As^{33} $4s^24p^3$	Se^{34} $4s^24p^4$	Br^{35} $4s^24p^5$	Kr^{36} $4s^24p^6$
5s	Rb^{37} 5s	Sr^{38} $5s^2$	Y^{39} $4d$ $5s^2$	Zr^{40} $4d^2$ $5s^2$	Nb^{41} $4d^4$ $5s$	Mo^{42} $4d^5$ $5s$	Tc^{43} $4d^5$ $5s^2$	Ru^{44} $4d^7$ $5s$	Rh^{45} $4d^8$ $5s$	Pd^{46} $4d^{10}$	Ag^{47} $4d^{10}$ $5s$	Cd^{48} $4d^{10}$ $5s^2$	In^{49} $5s^25p$	Sn^{50} $5s^25p^2$	Sb^{51} $5s^25p^3$	Te^{52} $5s^25p^4$	I^{53} $5s^25p^5$	Xe^{54} $5s^25p^6$
6s	Cs^{55} 6s	Ba^{56} $6s^2$	★	Hf^{72} $5d^2$ $6s^2$	Ta^{73} $5d^3$ $6s^2$	W^{74} $5d^4$ $6s^2$	Re^{75} $5d^5$ $6s^2$	Os^{76} $5d^6$ $6s^2$	Ir^{77} $5d^7$ $6s^2$	Pt^{78} $5d^9$ $6s$	Au^{79} $5d^{10}$ $6s$	Hg^{80} $5d^{10}$ $6s^2$	Tl^{81} $6s^26p$	Pb^{82} $6s^26p^2$	Bi^{83} $6s^26p^3$	Po^{84} $6s^26p^4$	At^{85} $6s^26p^5$	Rn^{86} $6s^26p^6$
7s	Fr^{87} 7s	Ra^{88} $7s^2$	☆	Rf^{104} $6d^2$ $7s^2$	Db^{105} $6d^3$ $7s^2$	Sg^{106} $6d^4$ $7s^2$	Bh^{107} $6d^5$ $7s^2$	Hs^{108} $6d^6$ $7s^2$	Mt^{109} $6d^7$ $7s^2$	Ds^{110} $6d^8$ $7s^2$	Rg^{111} $6d^9$ $7s^2$	Cn^{112} $6d^{10}$ $7s^2$	Nh^{113} $7s^27p$	Fl^{114} $7s^27p^2$	Mc^{115} $7s^27p^3$	Lv^{116} $7s^27p^4$	Ts^{117} $7s^27p^5$	Og^{118} $7s^27p^6$

★ランタノイド系列

La^{57} $5d$ $6s^2$	Ce^{58} $4f$ $5d$ $6s^2$	Pr^{59} $4f^3$ $6s^2$	Nd^{60} $4f^4$ $6s^2$	Pm^{61} $4f^5$ $6s^2$	Sm^{62} $4f^6$ $6s^2$	Eu^{63} $4f^7$ $6s^2$	Gd^{64} $4f^7$ $5d$ $6s^2$	Tb^{65} $4f^9$ $6s^2$	Dy^{66} $4f^{10}$ $6s^2$	Ho^{67} $4f^{11}$ $6s^2$	Er^{68} $4f^{12}$ $6s^2$	Tm^{69} $4f^{13}$ $6s^2$	Yb^{70} $4f^{14}$ $6s^2$	Lu^{71} $4f^{14}$ $5d$ $6s^2$

☆アクチノイド系列

Ac^{89} $6d$ $7s^2$	Th^{90} $6d^2$ $7s^2$	Pa^{91} $5f^2$ $6d$ $7s^2$	U^{92} $5f^3$ $6d$ $7s^2$	Np^{93} $5f^4$ $6d$ $7s^2$	Pu^{94} $5f^6$ $7s^2$	Am^{95} $5f^7$ $7s^2$	Cm^{96} $5f^7$ $6d$ $7s^2$	Bk^{97} $5f^9$ $7s^2$	Cf^{98} $5f^{10}$ $7s^2$	Es^{99} $5f^{11}$ $7s^2$	Fm^{100} $5f^{12}$ $7s^2$	Md^{101} $5f^{13}$ $7s^2$	No^{102} $5f^{14}$ $7s^2$	Lr^{103} $5f^{14}$ $7s^27p$